少儿编程

趣味学Python

小溪流／编著

中国铁道出版社有限公司

CHINA RAILWAY PUBLISHING HOUSE CO., LTD.

内 容 简 介

一位拍博士，带着一位小男生和一位小女生一起探索Python星球，完成一个又一个的任务。学习不枯燥，由一个连贯的故事入手，引人入胜，在不断完成挑战的过程中学会Python。从认识Python开始，由浅入深掌握Python的核心语法，进而运用Python体验办公自动化，在Excel中编写九九乘法表，使用GUI制作软件。书中融入了很多贴近生活和工作的案例并配备练习挑战，"学习—应用—练习"交替让学习更高效。

本书适合想要通过Python学习编程的读者，尤其适合父母、老师、学生，以及想要理解计算机编程基础知识的未成年人阅读学习。

图书在版编目（CIP）数据

少儿编程：趣味学Python/小溪流编著.—北京：中国铁道出版社有限公司，2021.1
ISBN 978-7-113-27289-0

Ⅰ.①少… Ⅱ.①小… Ⅲ.①软件工具-程序设计-少儿读物 Ⅳ.①TP311.561-49

中国版本图书馆CIP数据核字（2020）第185068号

书　　名：	少儿编程——趣味学Python
	SHAOER BIANCHENG : QUWEI XUE Python
作　　者：	小溪流

责任编辑：于先军		读者热线：(010)51873026		邮箱：46768089@qq.com	

封面设计：MXK DESIGN STUDIO
责任校对：孙　玫
责任印制：赵星辰

出版发行：中国铁道出版社有限公司（100054，北京市西城区右安门西街8号）
印　　刷：国铁印务有限公司
版　　次：2021年1月第1版　2021年1月第1次印刷
开　　本：787 mm×1 092 mm　1/16　印张：20.25　字数：395千
书　　号：ISBN 978-7-113-27289-0
定　　价：79.80元

配套资源下载链接：

https://pan.baidu.com/s/1gqtJ3Mdib9wsoSe0pLF6Ew

提取码：ftl0

http://www.m.crphdm.com/2020/1028/14295.shtml

前　言

  说起 Python，我们可能都会想起一些高大上的词汇：大数据、人工智能、机器学习等。Python 被认为是人工智能、机器学习的首选语言，但很多人都不知道原因，这得从人工智能背后的技术说起。人工智能要求机器能自主学习成长，机器要会学习，首先要积累大量的数据，然后运用机器学习算法如线性回归、决策树、神经网络等，让机器能从大量的数据中自主实现学习。Python 简洁易用的特点，以及在数据处理方面的强悍能力，使得目前市面上大部分人工智能的代码，都由 Python 来实现。

  青少年学习 Python 可不仅仅是因为它强大，更多是因为它的设计哲学是"优雅、明确、简单"。它的语言方式与自然语言很是接近，具有很好的可阅读性，当然理解起来也就不是晦涩难懂，更容易让人亲近。同时小学、初中、高中对于编程教育和信息学的推进几乎都选中了 Python。

  万丈高楼平地起，无论我们将来是使用 Python 进行数据分析，还是编写人工智能的程序，都需要掌握 Python 的基础语法和锻炼编程的思考方式。这正是一本可以带你通向 Python 世界的书籍。

  书中每一章甚至每一节都是一个小任务一个小挑战，拍博士带着小男生小 P 和小女生小溪，还有翻开本书的你，一起挑战 Python 星球的任务。

  这本书不仅带着你掌握 Python 的基础语法，还会带你一起思考，一起学习 Python 的各种功能模块，一起研究如何查找 Bug 解决问题，如何理解类与对象，更会带你处理文件，学习办公自动化，最后我们还一起制作软件。

  快来学习吧，我在 Python 星球等你哟！

小溪流

2020 年 12 月

有任何疑问也可以关注公众号【巧乐希】和我互动哦！

巧乐希

微信扫描二维码，关注我的公众号

目 录

## 第1章

来到 Python 星球

热爱编程的小溪无意间打开了爸爸留给她的编程魔盒。

墙壁上投射出一段话：

"小溪，爸爸知道你一直梦想成为编程高手，可以和爸爸一起抵御外星计算机病毒的入侵。但是仅仅会 Scratch 是不够的，现在你打开了我留给你的魔盒，它会将你传送到 Python 星球，进行试炼。你的小伙伴小 p 也在那里，魔盒里还有拍博士的秘籍，带上秘籍启程吧！"

魔盒关闭，小溪就来到了 Python 星球，这次历练可不简单，这就迎来了小溪的第一个挑战。

1.1 了解你的武器

秘籍的第一部分，就是了解你的武器——Python。

想要运用 Python 星球的 Python 力量，必须要将 Python 安装到你的计算机上。

首先要知道计算机系统，然后查看计算机位数，才能找到和你的计算机匹配的 Python 软件。

【Windows 系统】

如果你的计算机是 Windows 系统：

1. 找到桌面上的计算机图标。

也可能你的叫作我的电脑。

2. 单击鼠标右键，然后选择【属性】选项。

可别左右傻傻分不清楚。

3. 在【系统类型】中，你可以看到操作系统的位数。

看看计算机的操作系统是 64 位还是 32 位，记下你的计算机位数，后面有用。

【Mac- 苹果电脑】

如果你的伙伴是 Mac 系统：

1. 单击屏幕左上角的苹果图标，选择"关于本机"选项。

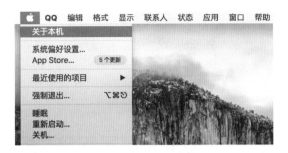

2．单击【系统报告】按钮。

3．选择【软件】，打开下拉菜单，选择【偏好设置面板】，可以看到系统位数。框中为"是"，则表示是 64 位操作系统；如果为"否"，则表示是 32 位操作系统。

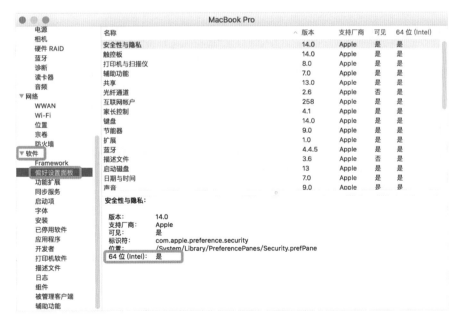

这些你都知道了吧，现在根据你的计算机系统和系统位数来选择合适的 Python 软件。

1.2　下载 Python 汇聚能量

登录 Python 星球的官方网站 https://www.python.org/，单击 Downloads，进入软件下载区。

如果你的计算机是 Windows 系统，则单击 Windows，进入软件下载页面。

如果你的计算机是 Mac 系统，则单击 Mac OS X，进入软件下载页面。

选择适合自己的 Python 软件。

如果 Python 官网下载太慢，大家也可以前往拍博士的 QQ 群：728806564，软件就在群共享中。

1.3　安装 Python，启动能量

计算机的系统不同，安装方式也不相同，分别看看 Windows 系统和 Mac 系统的安装方式。

【Windows 系统】

1. 这里以自定义安装为例，双击打开 Windows Python 安装包。

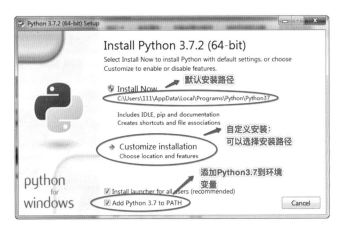

2. 选择自定义安装，可以选择安装路径，需要特别注意的是，一定要勾选 ☑ Add Python 3.7 to PATH ，把 Python 3.7 添加到环境变量，否则，就要自己配置环境变量，会比较麻烦。

划重点：勾选 ☑ Add Python 3.7 to PATH 千万别忘记。

3. 选择安装路径，记得单击 ➜ Customize installation Choose location and features。

4. 勾选完成后，单击 Next 按钮，进入下一步。

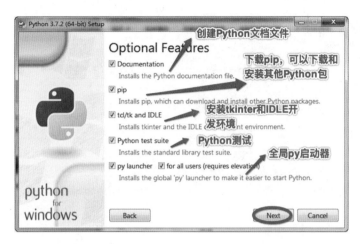

5. 单击 Install 按钮进行安装。

6. 等待进度条完成。

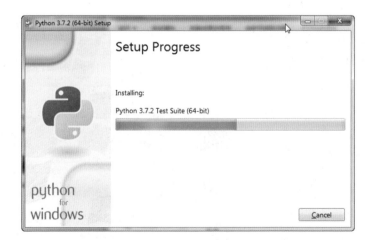

7. 这样你的计算机就安装好了 Python 软件。

恭喜你已经正式加入 Python 星球，成为我们的一员。

【Mac 系统】

如果你使用的 Mac 系统是 OS X 10.8 或者最新的 10.9 Mavericks。要恭喜你了，因为你的计算机已经自带了 Python 2.7。如果你的系统版本低于 10.8，请自行备份系统并免费升级到最新的 10.9，就可以获得 Python 2.7。

但是 Python 星球是追赶潮流的，所以我们使用的是 Python 3.x 版本，你还是再安装 Python 3.x 吧！

1. 找到下载好的 Python 软件。

🐍 python-3.7.2-macosx10.9.pkg

2. Mac 系统的安装会比较简单，单击安装包，单击"继续"按钮就能完成安装。

（1）单击继续。

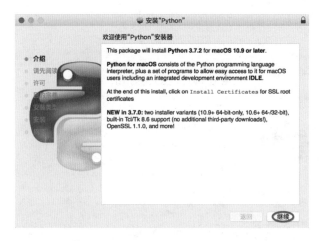

（2）再单击"继续"按钮。

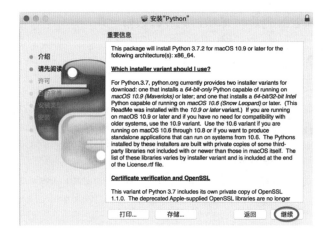

（3）还是单击"继续"按钮。

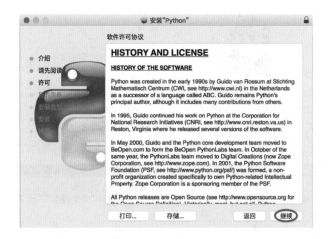

（4）单击"同意"按钮。

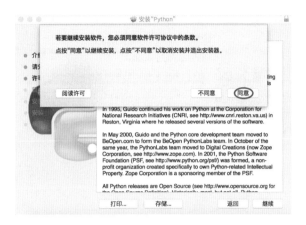

（5）单击"安装"按钮。

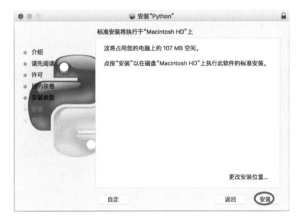

（6）等待一小会儿。

开心，这就安装成功了。

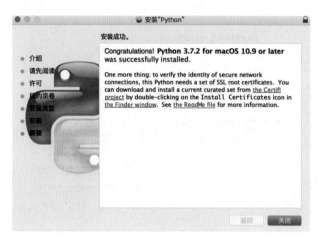

恭喜你已经正式加入 Python 星球，成为我们的一员。

1.4 为什么要学 Python

我们即将和小溪、拍博士、小 p 一起学习 Python，驾驭 Python 这强大能量。那么，在学习前，问你个问题，如果你学会了 Python，你想用 Python 做什么呢？

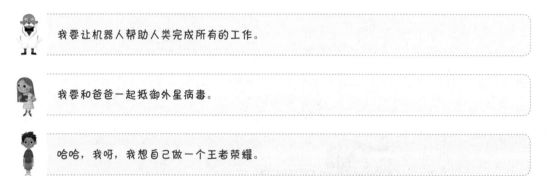

你呢，小读者？

## 第 2 章

成为 Python 的主人

2.1 让 Python 认识你

翻开拍博士秘籍

Python 虽然是一门编程语言，但是它也是有灵魂的。

你想要驾驭 Python 能量，就必须先成为 Python 的主人。

你需要了解 Python，同时也需要让 Python 认识你，这样你才能运用 Python 能量。

激活身份，让 Python 认识你：

将你的名字通过 Python 代码运行输出。在 Python 星球必须使用 Python 语言才能进行对话。

"我叫拍博士。"Python 可看不懂这样的语言。

我们需要使用 print() 函数。

2.2 启动 Python，完成第一个任务

和小溪一起开始第一个挑战吧！

打开刚安装好的 Python 软件。

Windows 系统

1. 单击计算机左下角的电脑图标。

2. 在搜索程序和文件框中输入 IDLE。

3. 单击安装好的 Python 软件，打开它。

 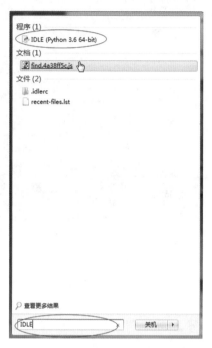

4. 在 >>> 后面输入【print(" 我叫小溪。")】

按回车键，Python 将启动运行，

马上，我们就会看到 Python 的运行结果我叫小溪。

```
Python 3.7.2 Shell
File Edit Shell Debug Options Window Help
Python 3.7.2 (tags/v3.7.2:9a3ffc0492, Dec 23 2018, 23:09:28) [MSC v.1916 64 bit (AMD64)] on win32
Type "help", "copyright", "credits" or "license()" for more information.
>>> print("我叫小溪。")
我叫小溪。
>>>
```

Python 输出了我想让它输出的内容，代表 Python 已经认识我了。

拓博士解说

print() 函数

print(" 我叫小溪。")

引号中间橙色的文字【我叫小溪。】就是我们要 Python 输出的结果。

这里需要括号和引号包裹着要输出的文字，而且括号和引号必须是英文状态下的。

如果是中文状态下的就会报错，这就是 Python 的语法要求，我们要遵守。

Mac 系统

1. 单击计算机下方的【Launchpad】，进入软件界面。

2. 找到 ，单击打开，进入【Python Shell】界面。

3. 在 >>> 后面输入 print(" 我叫小溪。")，
按回车键运行程序。

```
Python 3.7.2 (v3.7.2:9a3ffc0492, Dec 24 2018, 02:44:43)
[Clang 6.0 (clang-600.0.57)] on darwin
Type "help", "copyright", "credits" or "license()" for more information.
>>> print("我叫小溪。")
我叫小溪。
```

恭喜你成为 Python 的主人。

Python 输出了和我想让它输出的内容，代表 Python 已经认识我了。

2.3　属于你的第一个 Python 文件

现在我们需要创建自己的 Python 文件啦！它可以将我们历练过程中的所有程序代码都保存下来。

希望你以后都能这样做。

1. 单击 IDLE 菜单栏的【File】（文件），
可以看到【New File】（新建文件），
单击它就可以创建一个新的 Python 文件。

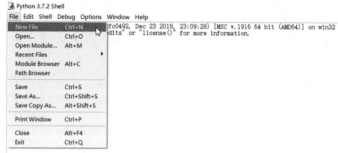

2. 在文件中输入如下 Python 代码：

```
name = input("请输入你的名字：")
print(name + "你好，很高兴认识你。")
```

3. 在菜单栏中选择【File】（文件）→【Save】（保存）或者【File】（文件）→【Save As】（另存为）来保存文件，并命名为【name】。

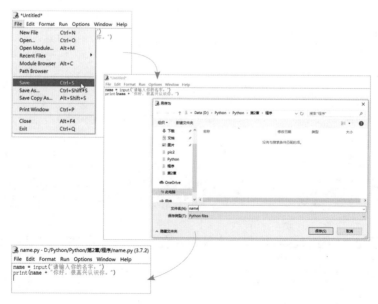

选择合适的文件夹将文件保存好。
系统默认以【.py】的格式保存文件。

一定要记得保存好写过的代码，否则就白忙活一场了。

　　【.py】是文件的扩展名，是一种文件类型，让计算机能认出这个文件是 Python 程序，当你打开它的时候，计算机会让 Python 解释器来运行它。

4. 在菜单栏中选择【Run】→【Run Module】选项运行程序。

看看程序运行结果：

请输入你的名字：小溪
小溪你好，很高兴认识你。

input() 函数：能够接收我们说的话。

print() 函数：能够输出它想说的话。

所以整段代码的意思是：

name = input(" 请输入你的名字：")

接收我输入的名字，然后给了 name，那么 name =" 小溪"

print(name +" 你好，很高兴认识你。")

"+" 表示连接，把 name 和 "你好，很高兴认识你。"连接起来后输出到结果中。

> 同时，因为 name＝"小溪"，连接起来就是："小溪你好，很高兴认识你。"
>
> 所以最后的输出结果是：
>
> 小溪你好，很高兴认识你。
>
> 如果我当时输入的名字是小 p，那么结果会是：
>
> 小 p 你好，很高兴认识你。

你可能会遇到的问题：

1. 你或许会在代码前输入

>>>

哈哈，可别犯傻，你创建的是新 Python 文件，不用输入 >>>。

用 print("我叫小溪。") 来举例说明：

（1）直接单击打开 IDLE 时，Python Shell 界面中会自动出现 >>>。

意思是：我准备好了，主人可以下发指令了。在 >>> 后输入我们的指令即可。

 Python 3.7.2 Shell

```
File  Edit  Shell  Debug  Options  Window  Help
Python 3.7.2 (tags/v3.7.2:9a3ffc0492, Dec 23 2018, 23:09:28) [MSC v.1916 64 bit (AMD64)] on win32
Type "help", "copyright", "credits" or "license()" for more information.
>>> |
```

Python 3.7.2 Shell

```
File  Edit  Shell  Debug  Options  Window  Help
Python 3.7.2 (tags/v3.7.2:9a3ffc0492, Dec 23 2018, 23:09:28) [MSC v.1916 64 bit (AMD64)] on win32
Type "help", "copyright", "credits" or "license()" for more information.
>>> print("我叫小溪。")|
```

这时，按回车键，运行程序。

（2）创建新的 Python 文件时，文件中只需输入指令，不需要 >>>。

xiaoxi.py - D:/Python/Python/第2章/程序/xiaoxi.py (3.7.2)

```
File  Edit  Format  Run  Options  Window  Help
print("我叫小溪。")
```

> 好好对比一下这两个界面吧！

2. 如果你找不到【Run】，那么说明你还没有创建新的 Python 文件呢。

这两个界面可是有区别的，同样用 print("我是小溪。") 来举例说明：

（1）直接单击打开 IDLE，弹出 Python Shell 界面，>>> 后面输入指令 print("我是小溪。")，按回车键即可得到程序结果，这时不用在菜单栏找【Run】。

```
Python 3.7.2 Shell
File  Edit  Shell  Debug  Options  Window  Help
Python 3.7.2 (tags/v3.7.2:9a3ffc0492, Dec 23 2018, 23:09:28) [MSC v.1916 64 bit (AMD64)] on win32
Type "help", "copyright", "credits" or "license()" for more information.
>>> print("我叫小溪。")
我叫小溪。
>>> |
```

这个情况下，菜单栏根本就没有 Run，你当然找不到。

（2）创建新的 Python 文件，在文件中输入指令，运行程序需要通过选择菜单栏的【Run】→【Run Module】命令来运行。

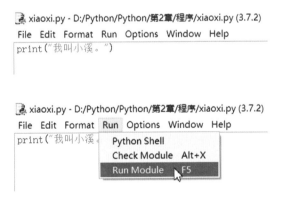

3. 我希望你每次写 Python 代码都能重新创建 Python 文件，这样可以保存你所有的作品。

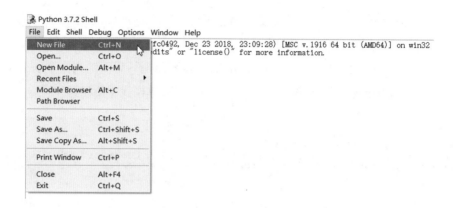

2.4　输入与输出的挑战

　　小溪和小 p 已经完成了第一个挑战任务，成为 Python 的主人，获取了属于自己的能量池。

　　你成功了吗？相信一定难不倒你的。

我的小勇士，我相信你是最棒的！

请完成下面的考验。

（1）让 Python 说："我的主人，请给我指示吧："。

（2）将任务给 Python，任务是："抵御外星病毒入侵"。

（3）最后 Python 说出它接收到的任务："收到，我的任务是抵御外星病毒入侵"。

完成考验，请核对：

```
task = input(" 我的主人，请给我指示吧：")
print(" 收到 , 我的任务是 " + task)
```

```
task.py - D:/Python/Python/第2章/程序/task.py (3.7.2)
File  Edit  Format  Run  Options  Window  Help
task = input("我的主人，请给我指示吧：")
print("收到，我的任务是" + task)
```

运行程序，结果如下：

我的主人，请给我指示吧：**抵御外星病毒入侵。**
收到，我的任务是抵御外星病毒入侵。

第3章

不能小瞧的注释

3.1　学会注释技能

翻开拍博士秘籍

恭喜！你已经成为 Python 的主人了。主人能给 Python 下发指令，随着你的历练越来越多，编写的指令也会越来越复杂。时间久了，可能自己都不知道当时写下的指令是想干吗。为了使你能够记住指令的作用，你需要学会运用注释技能。

注释的含义是注明并解释，它的作用是对于指令的创建者、创建时间、代码功能以及代码实现的说明，能够更好地帮助自己回想或者帮助他人明白指令的作用。

Python 有单行注释和多行注释。

（print(" 帮我 1111。")

 这是什么意思，当时我要 Python 干吗呢？

 1111 ？

 我现在一头雾水，不知道当时为什么要 Python 输出"帮我 1111。"相信 1111 一定是一个有寓意的暗号，但是我记不清了。

 小溪你需要尽快掌握注释技能，这个技能可以帮助你。

3.2　增加一个技能点——单行注释

单行注释以 # 开头，后面加上注释内容。任何在 # 后面的文字都会被忽略，指令也是一样。

单行注释可以放在指令的前面或放在被注释指令的末尾。

单行注释一般放在指令的上面一行，这样更加方便阅读。

```
# 接收输入
name = input(" 请输入你的名字：")
# 将指定的内容进行输出
print(name + " 你好，很高兴认识你。")
```

运行程序，结果如下：

> 请输入你的名字：小溪
> 小溪你好，很高兴认识你。

单行注释放在被注释指令的末尾。

```
name = input(" 请输入你的名字：")# 接收输入
print(name + " 你好，很高兴认识你。")# 将指定的内容进行输出
```

运行程序，结果如下：

> 请输入你的名字：小溪
> 小溪你好，很高兴认识你。

你可能会有以下的疑问：

1. 注释同样被写在 Python 文件中，为什么运行时，Python 没有把它们也当成指令一起运行呢？

这个原因的核心在于注释前面的 #，它是单行注释符号，Python 看到 #，就知道后面的内容是注释，不会当成指令运行。

2. 如果把正常的指令放在 # 后面，是不是也会被当成注释？

我们一起来试试。

```
# 接收输入
name = input(" 请输入你的名字：")
# 将指定的内容进行输出
#print(name + " 你好，很高兴认识你。")
```

运行程序，结果如下：

请输入你的名字：小溪

程序中，我们在输出的指令前面加上了 #，程序运行时，就把输出的指令也当成了注释，没有运行，所以没有将"小溪你好，很高兴认识你。"输出。

把正常的指令放在 # 后面，也会被 Python 当成注释，这也就是 Python 的语法规则。

3.3 升级技能——多行注释

如果 Python 指令比较复杂，想要注释的内容比较多，单行注释就不够用了。这时，就要用到多行注释。

多行注释可以用三个单引号或者三个双引号作为开始符号和结束符号。

多行注释以三个单引号作为开始符号和结束符号

```
'''
创建者：小溪
创建时间：来到 Python 星球的第 3 天
功能说明：成为 Python 的主人
'''
# 接收输入
name = input(" 请输入你的名字：")
# 将指定的内容进行输出
print(name + " 你好，很高兴认识你。")
```

需要注意的是：

三个单引号都是英文字符哦，而且三个单引号开始和结束是对应的，一个都不能少。

多行注释以三个双引号作为开始符号和结束符号

```
"""
创建者：小溪
创建时间：来到 Python 星球的第 3 天
功能说明：成为 Python 的主人
"""
# 接收输入
name = input(" 请输入你的名字：")
# 将指定的内容进行输出
print(name + " 你好，很高兴认识你。")
```

需要注意的是：

三个双引号都是英文字符哦，而且三个双引号开始和结束是对应的，一个都不能少。

在后面的历练中，记得给你的指令加上注释哦。

3.4   注释技能试炼

小溪已经学会了注释的技能，给自己的指令加上注释。你学会了吗？相信一定难不倒你的。

我的小勇士，我相信你是最棒的！

请完成下面的考验。

给以下指令加上单行注释和多行注释。

创建者：小溪

创建时间：来到 Python 星球的第 5 天

功能说明：给 Python 第一个任务

第一行代码的意思是：让 Python 来接收任务

第二行代码的意思是：Python 向我确认任务要求

```
task = input(" 我的主人，请给我指示吧： ")
print(" 收到，我的任务是 " + task)
```

完成考验，请核对：

```
"""
创建者：小溪
创建时间：来到Python星球的第5天
功能说明：给Python第一个任务
"""
#让Python来接收任务
task = input("我的主人，请给我指示吧：")
#Python向我确认任务要求
print("收到，我的任务是" + task)
```

运行程序，结果如下：

```
我的主人，请给我指示吧：抵御外星病毒入侵
收到，我的任务是抵御外星病毒入侵
```

## 第 4 章

Python 的记忆中枢

4.1 各种记忆——数据类型

翻开拍博士秘籍

Python 是一种编程语言，但是它也有自己的记忆中枢，可以存储数据。Python 凭借记忆中枢可以存储很多的数据。

为了各位编程勇士能够更好地给 Python 发送指令，我们需要了解 Python 是如何存储各种数据的。

那么有哪些种类的数据呢?

1. 我的名字：" 小溪 "。

这是中文，是字符串类型。

2. 我的年龄：10。

这是数字，是数字类型。

3. 我的成员：[" 小溪 "," 小 p"]。

这是列表类型。

......

不同的数据类型，有不同的表示方式，也有不同的作用和含义。

4.2 数字类型

Python 中的数字类型主要用来存储数字。

看图做题

1. 图中有（　　）只青蛙

2. 1 元 + 0.5 角 = （　　）元

3. 9 − 10 = （　　）

答案：

1. 9

2. 1.5

3. −1

> 来到 Python 星球居然还要做数学题？

9、1.5、−1 都是数学中的数字，同时也是 Python 中的数字类型。

Python 3 中支持的数字类型有：int（整型）、float（浮点型）、complex（复数），今天主要来认识 int（整型）、float（浮点型）。

int：整型。9、−1 都属于整型。其实就是我们在数学中学习的整数包括正整数和负整数。

float：浮点型。1.5 属于浮点型，就是带小数点的数字。

> 1.5，小样，换个名字就以为我不认识你啦！

【Python 做整数计算】

这次期中考试，我得了 100 分。妈妈给了我 100 元去买零食。

但是买完后，我遇到困难了，我将 100 元大钞给了售货阿姨，阿姨说：小朋友，你这次购买的零食一共 54 元，我还要给你找零。

我蒙圈了，找零多少呢？100-54，我都没有那么多手指来数呢。

还好有 Python 来帮我了。

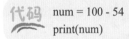
```
num = 100 - 54
print(num)
```

运行程序，结果如下：

46

Python 一下子就告诉了我答案。100 和 54 都是整型，Python 进行减法运算，将 100-54 的结果赋值给变量 num，并且通过 print 函数将变量 num 的值进行输出。

100-54 都计算不出来呢？

小 p 你敢嘲笑我，其实我是想秀秀我新学的技能，100-54 这对我来说是小问题，我心算就可以了。

【Python 做浮点数计算】

整数难不倒我，但是小数的计算，真的有点复杂。

我挑选了乐高的航母模型，价格是 658.4 元。妈妈豪爽地答应给我买了，但是在付钱的时候，妈妈开始为难我了。

妈妈问小溪：如果妈妈付 1 000 元钱，需要找零多少呢？

Python，Python 快来帮帮我。

嘟嘟嘟，任务完成。

```
num = 1000 – 658.4
print(num)
```

运行程序，结果如下：

341.6

1 000 是整型，658.4 是浮点型，Python 对它们进行减法计算，将结果赋值给 num，并且将结果进行输出。

小溪，你被坑了，哪里有 1 000 元面值的钞票呀！

哎呀，我咋没想到呢。

4.3 字符串类型

字符串是一串字符，需要用单引号（' '）或者双引号（" "）将字符串括起来，单引号和双引号都是英文的哦。

【提示】

另外需要注意的是，Python 3.x 对中文字符支持较好，所以在 Python 3.x 中，它能直接支持中文；但是在 Python 2.x 中就不同了，要求在程序的开头增加"#coding:utf-8"才能支持中文字符。

学习了字符串，来做个判断题，摸索一二。

判断对错

按照上述的描述，判断每项是不是字符串。

如果是，在括号中写：Yes；如果不是，则在括号中写：No。

1. 'hello'（   ）
2. "python_123"（   ）
3. 123445（   ）
4. " 你好 "（   ）
5. '34"（   ）
6. "311"

看看答案吧，你答对了吗？

'hello' 是字符串，单引号（' '）将字符串括起来。

"python_123" 是字符串，双引号（" "）将字符串括起来。

123445 不是字符串，因为没有单引号（' '）或者双引号（" "）将字符串括起来。

" 你好 " 是字符串，双引号（" "）将字符串括起来。

'34" 不是字符串，单引号（' '）和双引号（" "）要成对出现才是字符串。

"311"，是字符串虽然看上去像数字，但是它被双引号（" "）括起来了。

4.4　List（列表）

小溪的生日就要到了，她正在筹备生日 Party。

她拿出一张纸条，用铅笔在上面列着清单。

Python 中的列表就像是纸条，可以写下很多东西。

下面看看 Python 的列表是怎样的一个规则。

元素中间用 "，" 分开。

元素的数据类型可以是不相同的，可以是数字也可以是字符串。

列表里的元素可以重复。

小溪的生日 Party 需要准备什么呢？小溪就要列清单了。

（将多个元素用方括号 [ ] 括起来组成一个列表。）

● 这时列表就派上用场了，先来创建一个空列表 [ ]。

（添加一个元素，字符串 '生日蛋糕'。）

● 最需要的肯定是生日蛋糕，加入清单：['生日蛋糕']。

（再添加一个元素，字符串 '卡片'，记得要用 "，" 分开。）

● 我想要自己写邀请卡片邀请我的朋友们，加入清单：['生日蛋糕 ',' 卡片 ']。

（再添加一个元素，字符串 '披萨'。）

● 朋友们喜欢吃披萨，加入清单：['生日蛋糕 ',' 卡片 ',' 披萨 ']。

（再添加多个相同的元素，字符串 '玩具'。）

● 朋友们喜欢玩不同的玩具，所以要将很多个玩具加入清单：['生日蛋糕 ',' 卡片 ',
'披萨 ',' 玩具 ',' 玩具 ',' 玩具 ']

一下子列表中就多了很多很多的元素。

我们用 Python 代码，将列表（List）表示出来。

```
list = [ '生日蛋糕 ',' 卡片 ',' 披萨 ',' 玩具 ',' 玩具 ',' 玩具 ']
print(list)
```

运行程序，结果如下：

['生日蛋糕', '卡片', '披萨', '玩具', '玩具', '玩具']

4.5 Tuple（元组）

一年有 12 个月，我们用列表可以这样表示它。

```
months = ['January','February','March','April','May',
          'June','July','August','September','October','November','December']
print(months)
```

运行程序，结果如下：

['January', 'February', 'March', 'April', 'May', 'June', 'July', 'August', 'September', 'October', 'November', 'December']

每年都有 12 个月，它是不会发生变化的，而且每个月的名字也不会发生变化。那么我希望它不能被其他人修改。

列表做不到，但是元组可以。为什么呢？

因为 Python 规定元组的元素不能被修改，元组就相当于是一个只读的列表。

霸道的元组不让修改！

元组要怎么表示呢？

它由多个元素用圆括号 () 括起来组成。元素之间用 "," 分割。元素的数据类型可以是不相同的。

永不变化的 12 个月，我们用元组（Tuple）来表示。

列表用 [ ] 括起来，元组用 ( )，括号不同，容易区分。

```
months = ('January','February','March','April','May',
          'June','July','August','September','October','November','December')
print(months)
```

运行程序，结果如下：

['January', 'February', 'March', 'April', 'May', 'June', 'July', 'August', 'September', 'October', 'November', 'December']

英语真棒，12 个月份全英文输出。

4.6　Set（集合）

集合又是什么呢？

我来告诉你吧。

刚刚我们学习了列表，列表是一系列元素的组合，集合也是一系列元素的组合，但是集合的元素不能重复。

集合里的元素不能重复，列表里的元素可以重复。

集合的表现形式和列表也不相同，Set 是将多个元素用花括号 {} 括起来组成，元素之间用 "," 分割。

列表用 [ ] 括起来，元组用 ( )，集合用 { }，各有不同，你记住了吗？

如果你的生日清单从列表变成集合，会发生什么变化呢？

```
set = {'生日蛋糕','卡片','披萨','玩具','玩具','玩具'}
print(set)
```

运行程序，结果如下：

{'卡片', '玩具', '生日蛋糕', '披萨'}

啊，我计划买的那么多玩具，就只剩一个了。

集合不允许重复。

程序运行结果中只剩下一个玩具，另外两个玩具不见了，这是为什么？

因为 Set（集合）不允许重复的元素存在，所以在 Set 集合中只能有一个玩具。

 你可以把玩具写得具体点，Set（集合）就不会认为是相同的。

```
set = {'生日蛋糕','卡片','披萨','乐高','扑克','溜溜球'}
print(set)
```
试试吧。

4.7 Dictionary（字典）

 字典，这个我用过，是不是我们用来查询汉字的字典。

 有点类似，查询汉字的字典，你能通过拼音或者偏旁找到需要查找的字。Python 中字典的元素是一个键值对，包括键（key）和值（value），形式为：{key:value,key1:value1}。键和值它们一一对应，通过 key，就能找到 value。

就像你在教室里的座位一样，你的座位号就像是键（key），通过座位号就可以找到你了，你就像那个值（value）。座位和你也是一一对应的。

如果不对应那就麻烦了！

字典在 Python 中的表示形式是将多个元素用大括号 {} 括起来。一个元素包含键（key）和值（value），键和值之间用 ":" 连接，但是元素之间还是用 "," 分开。

就像你查字典时，记下的单词和对应的页数：

ying 在 389 页，ao 在 12 页，hi 在 135 页，nan 在 255 页，它们是一一对应的。

用 Python 中的字典表示就是：

代码
```
dic = {'ying':'389 页 ','ao':'12 页 ','hi':'135 页 ','nan':'255 页 '}
print(dic)
```

运行程序，结果如下：

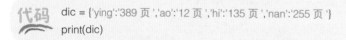

{'ying': '389页', 'ao': '12页', 'hi': '135页', 'nan': '255页'}

4.8　记忆中枢小挑战

小溪今天认识了 Python 中的基本数据类型，你们认识它们了吗？

一起来参与 Python 星球的记忆中枢小挑战吧。

我的小勇士，我相信你是最棒的！

请完成下面的考验。

1. 以下哪个是数字类型？

A．"123"

B．"h"

C．56

D．" 你好 "

2. 以下哪个是字符串类型？

A．"nihao'

B．'Hello'

C．" 你好

D．[' 我叫小溪流 ']

3. 我爱吃的零食有：巧克力、薯片、奥利奥。

用 Python 中的列表来表示巧克力、薯片、奥利奥。

4. set 集合：{'11', '2', '3', '66', '39', '11', '65', '3', '89', '11'} 的输出结果是什么？

5. 名字和电话号码用字典表示：

小明，180××××2345

小红，159××××5566

小 p，189××××6066

完成考验，请核对：

1．C

2．B

3．

```
代码  food = ['巧克力','薯片','奥利奥']
      print(food)
```

运行程序，结果如下：

['巧克力', '薯片', '奥利奥']

4．输出结果如下：

看看你的输出结果是不是包含答案中的所有数字，顺序不同没关系哟。

{'2', '3', '11', '66', '65', '39', '89'}

5．

```
代码  phone = {'小明':'180xxxx2345','小红':'159xxxx5566','小p':'189xxxx6066'}
      print(phone)
```

运行程序，结果如下：

{'小明': '180xxxx2345', '小红': '159xxxx5566', '小p': '189xxxx6066'}

## 第 5 章

变量真的会变

5.1 新知识变量

翻开拍博士秘籍

Python 是一种编程语言，它有自己的记忆中枢，可以存储数据。Python 凭借记忆中枢可以存储很多很多的数据。

那么多的数据，你知道 Python 是怎样精准地找到想要的数据吗？

Python 呀，它给每一个数据贴上一个标签，通过标签就能找到相应的数据。

举个例子：

小溪和小 p 往 Python 的记忆中枢中存储了下列数据：

15（数字类型）

"我叫小溪"（字符串类型）

['巧克力','薯条','奥利奥']（列表类型）

"15"（字符串类型）

在 Python 的记忆中枢里有很多数据，如果现在需要找到数字 15，Python 要怎么做呢？

如果一个一个地寻找那就太费劲了，当存储的数据有成千上万时，这就变成了一个几乎不可能完成的任务。

所以在存储数据时，就需要给这个数据贴上一个标签。然后根据这个标签就可以快速地找到对应的数据。

这个标签就是变量，为什么叫作变量而不叫不变量呢？因为标签可以从一个数据上撕下来贴在另一个数据上，这样标签指向的数据也就发生了变化。

5.2　给数据贴上标签

Python 的记忆中枢里存储了很多的数据，为了能够找到数据。Python 运用了一个好方法：给数据都贴上标签，通过标签就能找到相应的数据了。就像我们在超市找东西一样，通过超市商品标签就可以快速地找到需要的商品。

写段代码感受下。

告诉 Python，你们喜欢的卡通人物是谁？

小溪往记忆中枢中放入了一个字符串：'Hello Kitty'，并给它贴上标签：cartoon_1。
小 p 往记忆中枢中放入了一个字符串：'机器猫'，并给它贴上标签：cartoon_2。
现在要从 Python 的记忆中枢里找出它们，并且打印出来。
打开 Python 软件，输入代码：

```
cartoon_1 = 'Hello Kitty'
cartoon_2 = '机器猫'
print(" 小溪喜欢的卡通人物是 %s。" % cartoon_1)
print(" 小 p 喜欢的卡通人物是 %s。" % cartoon_2)
```

运行程序，结果如下：

小溪喜欢的卡通人物是Hello Kitty。
小p喜欢的卡通人物是机器猫。

cartoon_1 和 cartoon_2 都叫作变量。

来，我们一起仔细地分析程序：

1.　cartoon_1 = 'Hello Kitty'

在 Python 的记忆中枢中放入了一个字符串对象：'Hello Kitty'，并且贴上 cartoon_1 的标签。

2.　cartoon_2 = ' 机器猫 '

在 Python 的记忆中枢中放入了一个字符串对象：' 机器猫 '，并且贴上 cartoon_2 的标签。

 第一行和第二行我能明白，我很奇怪的是第三、第四行。
print(" 小溪喜欢的卡通人物是 %s。" % cartoon_1) 中的两个 % 是什么意思？

 先来对比下输出结果和代码的区别吧，看看我们自己是不是可以找出答案。

 print(" 小溪喜欢的卡通人物是 %s。" % cartoon_1)

结果：

小溪喜欢的卡通人物是 Hello Kitty。

你发现了吗？

本来要输出的 %s，变成了 Hello Kitty。

可以看出，%s 被代码后面的 % cartoon_1 替代了，同时 cartoon_1 变量指向的数据是 Hello Kitty。

就这样巧妙地输出了 Hello Kitty。

现在我们再继续看第三行和第四行代码。

3.　print(" 小溪喜欢的卡通人物是 %s。" % cartoon_1)

通过标签 cartoon_1 将指向的 'Hello Kitty' 从记忆中枢里取出来，并打印出：小溪喜欢的卡通人物是 Hello Kitty。

4.　print(" 小 p 喜欢的卡通人物是 %s。" % cartoon_2)

通过标签 cartoon_2 将指向的 ' 机器猫 ' 从记忆中枢里取出来，并打印出：小 p 喜欢的卡通人物是机器猫。

 拍 博 士 讲 堂

%s 称为占位符，cartoon_1 指向的值会作为字符串对象放到 %s 的位置。

cartoon_1 指向的值是 'Hello Kitty'。

所以这句话变成了：

小溪喜欢的卡通人物是 Hello Kitty。

%s 表示格式化对象为字符。在后面的学习中我们还会认识 %d 和 %f。

5.3　会变的变量

 还记得它为什么叫变量吗？

 因为它会变。

 对的，它真的会变，请看。

5.3.1　变量指向的内容可以变化

同一个变量指向的内容是可以变化的。

 告诉 Python，你们最喜欢看的动画片是什么？

 美少女战士，嘻嘻。

 海贼王。

小溪往记忆中枢中，放入了一个字符串：'美少女战士'，并且把之前的 cartoon_1 标签贴到 '美少女战士' 上。

小 p 往记忆中枢中，放入了一个字符串：'海贼王'，并且把之前的 cartoon_2 标签贴到 '海贼王' 上。

接下来，我们看看变量变了没有。

```python
cartoon_1 = 'Hello Kitty'
cartoon_2 = ' 机器猫 '

cartoon_1 = ' 美少女战士 '
cartoon_2 = ' 海贼王 '
print(" 小溪最喜欢看的动画片是 %s。" % cartoon_1)
print(" 小 p 最喜欢看的动画片是 %s。" % cartoon_2)
```

猜猜结果会是什么？

揭晓答案，运行程序，结果如下：

　　　　　　　　　小溪最喜欢看的动画片是美少女战士。
　　　　　　　　　小p最喜欢看的动画片是海贼王。

好奇吗？输出结果变成了美少女战士和海贼王，之前的 Hello Kitty 和机器猫没有出现。

一起来分析程序：

1．cartoon_1 = 'Hello Kitty'

往 Python 记忆中枢中放入了一个字符串对象：'Hello Kitty'，并且贴上 cartoon_1 的标签。

2．cartoon_2 = ' 机器猫 '

往 Python 记忆中枢中放入了一个字符串对象：' 机器猫 '，并且贴上 cartoon_2 的标签。

3．cartoon_1 = ' 美少女战士 '

往 Python 记忆中枢中放入了一个字符串对象：' 美少女战士 '，将标签 cartoon_1 从之前的数据上撕下来，贴到美少女战士上。

4．cartoon_2 = ' 海贼王 '

往 Python 记忆中枢中放入了一个字符串对象：' 海贼王 '，将标签 cartoon_2 从之前的数据上撕下来，贴到海贼王上。

5. print(" 小溪最喜欢看的动画片是 %s。" % cartoon_1)

标签 cartoon_1 指向的数据已经从 'Hello Kitty' 变成了 ' 美少女战士 '，所以打印出：
小溪最喜欢看的动画片是美少女战士。

6. print(" 小 p 最喜欢看的动画片是 %s。" % cartoon_2)

标签 cartoon_2 指向的数据已经从 ' 机器猫 ' 变成了 ' 海贼王 '，所以打印出：小 p 最
喜欢看的动画片是海贼王。

5.3.2　类型也是可变的

变量本身是没有类型的，变量指向的数据是什么类型，它就是什么类型。

cartoon_1 = 'Hello Kitty'

cartoon_2 = ' 机器猫 '

因为变量指向的类型是字符串类型，所以 cartoon_1 和 cartoon_2 都是字符串类型。

随着指向的数据类型不同，变量能来一个大变身。

接下来欣赏变量 magic 的大变身。

```
magic = "hi,friends"
print(" 我变字符串 :")
print(magic)
magic = 1
print(" 我变数字 :")
print(magic)
magic = [1,2,3,4]
print(" 我再变列表 :")
print(magic)
magic = {" 妈妈 ":"1262009xxxx"}
print(" 我再变字典 :")
print(magic)
```

选择菜单栏中的【 Run 】→【 Run Module 】命令运行程序，结果如下：

```
我变字符串:
hi,friends
我变数字:
1
我再变列表:
[1, 2, 3, 4]
我再变字典:
{'妈妈': '1262009xxxx'}
```

magic 真是个魔术师，一下子变身了 4 次，好厉害。

1. magic = "hi,friends" : magic 指向字符串对象："hi,friends"，所以 magic 是字符串类型。

2. magic = 1：magic 指向数字对象：1，所以 magic 是数字类型。

3. magic = [1,2,3,4]：magic 指向列表对象：[1,2,3,4]，所以 magic 是列表

4. magic = {"妈妈":"1262009xxxx"}: magic 指向字典对象: {"妈妈":"1262009xxxx"}，所以 magic 是字典。

原来变量的类型是随着指向的对象不同而变化的。

5.4　变量对名字很讲究

变量的名字是有规则的，不然 Python 解释器会报错。

先来看看规则。

规则一：变量名只能由数字、字母、下画线组成。

正确的变量命名：

name ✅

age ✅

num_1 ✅

错误的变量命名：

book@ ❌

( ) ❌

```
var. = "我不是一个变量名。"
```

运行程序，程序会提示错误。

程序中的变量名是 var.，不符合规则【变量名只能由数字、字母、下画线组成。】，变量名包含了 .，所以不是一个正确的变量名。

规则二：变量名开头必须是字母或下画线，不能是数字。

正确的变量命名：

number ✅

_type ✅

错误的变量命名：

1_one ❌

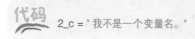
```python
2_c = "我不是一个变量名。"
```

运行程序，程序会提示错误。

程序中的变量名是 2_c，不符合规则【变量名开头必须是字母或下画线，不能是数字】，变量名是数字 2 开头，所以不是一个正确的变量名。

规则三：变量名区分大小写。

小写的变量名和大写的变量名是两个不同的变量。

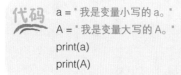
```python
a = "我是变量小写的a。"
A = "我是变量大写的A。"
print(a)
print(A)
```

运行程序，结果如下：

```
我是变量小写的a。
我是变量大写的A。
```

看它们是不同的。

规则四：变量名不能有空格。

ａｂ = " 我的变量名有空格 "

运行程序，程序会提示错误。

程序中的变量名是 ａｂ，不符合规则【变量名不能有空格】，变量名 ａｂ 之间有空格，所以不是一个正确的变量名。

规则五：不能和 Python 关键字重名。

关键字是 Python 中被用来表示特定含义的单词。

例如，import 是 Python 的关键字，表示导入包。

import = " 我是一个变量 "

运行程序，程序会提示错误。

程序中的变量名是 import，不符合规则【不能和 Python 关键字重名】，import 是 Python 中的关键字，所以不是一个正确的变量名。

规则六：推荐的命名方式。

用英文或者拼音去描述这个变量的含义，这样当我们看到它的时候，就知道它指向的数据是什么意思，有什么作用。

当变量是由两个或者两个以上单词组成时，可以按照以下方式命名。

1. 单词都用小写。

2. 单词和单词之间用下画线（_）连接。或者使用小驼峰命名法（第一个单词的首字母小写，后续单词的首字母大写）

```
代码   first_day = "我是一个变量"
       firstDay = "我是一个变量"
```

程序中，变量都由两个单词组成，分别是 first 和 day。

变量 first_day：使用了单词和单词之间用下画线连接的命名方式。

变量 firstDay：使用了小驼峰命名法，第一个单词 first 的首字母小写，后续单词 day 的首字母大写。

如果你命名错误了，Python 会告诉你的。

5.5 魔术小挑战

小溪和小 p 今天认识了 Python 中的魔术师——变量，你们认识它们了吗？

一起来参与 Python 星球的魔术小挑战吧！

我的小勇士，我相信你是最棒的！

请完成下面的考验。

1. 将字符串："我最喜欢的季节是秋天。" 存储到 Python 的记忆中枢中，并且通过变量 season 标识它。

从 Python 的记忆中枢中获取 season 指向的内容，并且打印出来。

2. 判断变量名是否合法，不合法写出理由。

（1）3_new

（2）helloWorld

（3）book(

（4）g ame

（5）new_friend

完成考验，请核对：

1.

代码
```
season = "我最喜欢的季节是秋天。"
print(season)
```

运行程序，结果如下：

我最喜欢的季节是秋天。

2.

（1）3_new，不符合规则【变量名开头必须是字母或下画线，不能是数字】，所以不是合法的变量名。

（2）helloWorld，是合法的变量名。

（3）book(，不符合规则【变量名只能由数字、字母、下画线组成】，变量 book(包含 (，所以不是合法的变量名。

（4）g ame，不符合规则【变量名不能有空格】，所以不是合法的变量名。

（5）new_friend，是合法的变量名。

第6章

会算数的 Python

6.1 Python 的数字类型

翻开拍博士秘籍

Python 是一种编程语言，它可以在记忆中枢中存储数字。在 Python 3 中，Python 支持 3 种不同的数字类型：

1. int（整型）；

2. float（浮点型）；

3. complex（复数）。

Python 支持数字计算和不同的数字类型之间的转换，同时还提供了数学运算模块 math，math 模块提供了许多运算函数。

后面你将学到强大的 math 库。

……

举个例子：

小溪作业本上的数学题：

1. 12 × 2

2. 365 + 765

3. (23 + 32)× 2

4. (22-8) ÷ 2 + (12 + 2)

对于 Python 来说这些都是小菜一碟。

6.2　Python 来算数

先让 Python 算一个最简单的
计算题：1 + 1 = ?

你也太小瞧 Python 了，它分分钟给你
计算出来。

打开 IDLE，在 >>> 后面输入：1+1，按回车键，就能知道答案。

>>> **1+1**
2

这道题很简单，Python 当然知道，来个难一点的：189 + 294 = ?

哈哈，这可难不倒 Python。

>>> **189 + 294**
483

Python 的计算能力是很强的。

我还就不信了，看来加法是难不倒它了，我来一个乘法：18 × 24 = ?

换乘法，Python 一样也能计算出来。

对了，Python 的乘号（*）和数学上的乘号 × 不太一样，它长成这样 *。
Python 的除号（/）和数学上的除号（÷）也不太一样，它的除号是这样的 /。

>>> **18 * 24**
432

看来加减乘除都难不倒你，那就一起来：(19 * 3)+ 36/4

```
>>> (19 * 3) + 36/4
66.0
```

 这都会，快给我讲讲。

 那我就来给你好好讲讲。

首先从加减乘除运算符开始。

+ ：进行加法运算。

- ：进行减法运算。

× ：进行乘法运算。

÷ ：进行除法运算。

加减乘除运算是有顺序的，在数学中应该也会学到，基本的原则是：先乘除，后加减。

先举个简单的例子：3 + 6 * 2，你知道这个算式的结果是什么吗？ Python 来告诉你。

```
>>> 3 + 6 * 2
15
```

先乘除后加减，所以先计算 6 * 2 = 12，3 + 12 = 15。是不是很简单。所以你知道 (19 * 3)+ 36/4 怎么计算了吗?

 但是这个算式不太一样，它有括号。

 有括号那就先计算括号里面的，再计算括号外面的。

所以 (19 * 3)+ 36/4 的计算顺序是：

1. 先计算 19 * 3 = 57，算式变成 57 + 36/4；

2. 再计算 36/4 =9，算式变成 57 + 9；

3. 最后计算 57 + 9 = 66。

再给你来一题：(23 + 18/2) − 20/5。

 我会了。

1. 先计算括号里面的除法 18/2 = 9，算式变成（23 + 9）− 20/5；

2. 再计算括号里面的加法 23 + 9 = 32，算式变成 32 − 20/5；

3. 然后计算除法 20/5=4，算式变成 32 − 4 = 28。

 恭喜你学会了。

前面介绍的都是整数的运算，Python 还支持浮点数（带小数点数字）的计算，比如，2.5 × 4。

```
>>> 2.5 * 4
10.0
```

除了加减乘除法算术运算符，还支持以下算术运算符：

%：求余数

余数是怎样产生的？

余数就是无法整除而产生的。

```
>>> 33 % 2
1
```

33 / 2 商数为 16，余数为 1。

//：整除，返回除法的整数部分。

```
>>> 33 // 2
16
```

33 / 2 整数部分为 16。

**：幂，即 x 的 y 次幂。

```
>>> 2 ** 3
8
```

2 的 3 次幂 = 8，相当于 3 个 2 相乘 2 × 2 × 2= 8。

6.3 数字类型转换

Python 还提供了将其他类型的数据转换为数字类型的方法。一起来看看吧！

将其他类型数据转换为 int（整型）

和 Python 一起来玩一个游戏：随机输入两个数字，对其进行加法运算。

```
num_1 = input(" 请输入一个整数 :")
num_2 = input(" 再输入一个整数 :")
print("%s + %s = %s" % (num_1,num_2,num_1 + num_2))
```

运行程序，结果如下：

```
请输入一个整数:45
再输入一个整数:66
45 + 66 = 4566
```

这个结果和我们预想的不太一样，为什么呢？

因为 intput() 函数：接收输入，返回的是字符串类型。

所以 num_1 和 num_2 都是字符串类型，对它们进行加法运算，就是进行字符串的拼接，"45"+ "66" = "4566"，直接把它们连起来，而不是进行加法运算。

如果对两个数字进行加法运算，要怎么修改程序呢？

类型转换就派上用场了，增加一个 int()。

```
num_1 = int(input(" 请输入一个整数 :"))
num_2 = int(input(" 再输入一个整数 :"))
print("%d + %d = %d" % (num_1,num_2,num_1 + num_2))
```

运行程序，结果如下：

```
请输入一个整数:45
再输入一个整数:66
45 + 66 = 111
```

这个结果才是对的，45 和 66 通过 int() 函数都变成了数字，这样相加就完成了加法运算。

我们一行一行对代码进行分析。

1. num_1 = int(input(" 请输入一个整数 :"))

这行代码涉及了两个函数。

intput() 函数：接收输入，返回的是字符串类型。

关键点在于 int() 函数：它的作用是将接收的字符串类型转换为整数类型。

2. num_2 = int(input(" 再输入一个整数 :"))

接收输入，转化为整数类型，并且将变量 num_2 指向它。

3. print("%d + %d = %d" % (num_1,num_2,num_1 + num_2))

这行代码中，使用了 %d 占位符，格式化为整数，表示这个位置要打印的是整数。

在代码中，使用了三个 %d，其所在的位置需要用 % 后面的内容一一替换。

"%d + %d = %d" % (num_1,num_2,num_1 + num_2)

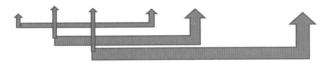

还可以反过来转换，将整数类型转换为字符串类型

既然可以将字符串类型转换为整数类型，那么可以将整数类型转换为字符串类型吗？

当然可以了。我们先来看一个程序。

```
age = 6
print(" 我喜欢的数字是： " + age)
```

运行程序，结果如下：

```
TypeError: can only concatenate str (not "int") to str
```

很意外，程序居然报错了。

在这段代码中，我们想要拼接字符串 " 我喜欢的数字是： " 和 age，但是 age 是 int（整数类型），所以程序报错，只能拼接字符串类型，而不能拼接 int（整数类型）和 str（字符串类型）。

怎样修改程序，让它正常运行呢？

将 age 转换为 str（字符串类型）。

对了，接下来我们将 age 转换为 str（字符串类型）。

```
age = 6
print(" 我喜欢的数字是： " + str(age))
```

运行程序，结果如下：

我喜欢的数字是：6

程序果然正常运行了，功劳在于 str() 函数，将 age（整数类型）转换为 str（字符类型），所以能正常进行拼接。

将其他类型数据转换为 float（浮点型）

如果要将其他类型的数据转换为 float（浮点型）应该怎么做呢？

可以通过 float() 函数来完成。

一起来尝试下吧。

和 Python 玩一个游戏，随意输入两个浮点型的数字，然后进行减法运算。

```
print(" 对两个浮点数进行减法运算 ")
num_1 = float(input(" 请输入被减数："))
num_2 = float(input(" 请输入减数："))
print("%f – %f = %f" % (num_1,num_2,num_1 – num_2))
```

运行程序，结果如下：

```
对两个浮点数进行减法运算
请输入被减数：78.4
请输入减数：22.9
78.400000 - 22.900000 = 55.500000
```

num_1 = float(input(" 请输入被减数："))

num_2 = float(input(" 请输入减数："))

在这两行代码中，通过 float() 函数将接收到的字符类型转换为了 float（浮点型）。

print("%f - %f = %f" % (num_1,num_2,num_1 - num_2))

在这行代码中，出现了 %f，聪明的你应该能猜到它的作用是什么？

对，它的作用是占位符，格式化为浮点型，表示这个位置要打印的是浮点数。

大家会发现打印出来的浮点数后面多了 5 个零，这是浮点数默认的。如果只想要展示小数点后两位应该怎么做呢？

Python 给你提供了方法，只保留小数点两位。

```
print(" 对两个浮点数进行减法运算 ")
num_1 = float(input(" 请输入被减数："))
num_2 = float(input(" 请输入减数："))
print("%0.2f – %0.2f = %0.2f" % (num_1,num_2,num_1 – num_2))
```

运行程序，结果如下：

```
对两个浮点数进行减法运算
请输入被减数：78.4
请输入减数：22.9
78.40 - 22.90 = 55.50
```

通过程序结果可以看到，输出的浮点数都只保留了小数点后两位。

原因是通过 %0.2f 指定要保留的小数点后的位数，表示这个位置要打印的是保留小数点后两位的浮点数。

6.4　数字小挑战

小溪和小 p 今天见识了 Python 强大的计算能力，小朋友们，你们见识了吗?

一起来参与 Python 星球的数字小挑战吧！

1. 使用 Python 进行如下运算。

（1）12 × 2

（2）365 + 765

（3）23 + 32 × 2

（4）22 - 8 × 2 + (12 + 2)

（5）1.45 × 2

2. 整数进行乘法运算

输入两个整数，让 Python 进行乘法运算，并且将结果输出。

3. 浮点数进行乘法运算

输入两个浮点数，让 Python 进行乘法运算，并且将结果进行输出。（浮点数格式：小数点后保留两位小数）

完成考验，请核对：

1. 使用 Python 进行如下运算，结果如下。

（1）12 × 2

```
>>> 12 * 2
24
```

（2）365 + 765

```
>>> 365 + 765
1130
```

（3）23 + 32 × 2

```
>>> 23 + 32 * 2
87
```

（4）22 – 8 × 2 + (12 + 2)

```
>>> 22 - 8 * 2 + (12 + 2)
20
```

（5）1.45 × 2

```
>>> 1.45 * 2
2.9
```

2. 整数进行乘法运算

```
num_1 = int(input(" 请输入一个整数："))
num_2 = int(input(" 请再输入一个整数："))
print("%d * %d = %d" % (num_1,num_2,num_1 * num_2))
```

运行程序，结果如下：

```
请输入一个整数：12
请再输入一个整数：45
12 * 45 = 540
```

3. 浮点数进行乘法运算

```
num_1 = float(input(" 请输入一个浮点数："))
num_2 = float(input(" 请再输入一个浮点数："))
print("%0.2f * %0.2f = %0.2f" % (num_1,num_2,num_1 * num_2))
```

运行程序，结果如下：

```
请输入一个浮点数：4.5
请再输入一个浮点数：2.1
4.50 * 2.10 = 9.45
```

## 第 7 章

烧脑的逻辑判断

7.1　Python 条件语句

翻开拍博士秘籍

Python 是一种编程语言，但是它有自己的逻辑判断，那就是条件语句。

什么是条件判断语句？

我们用一张图来看看吧。

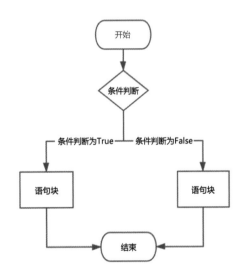

上图中的条件成立，判断结果为 True 时，会走一条路径，执行相关的语句块；当条件不成立，判断结果为 False 时，会走另一条路径，执行另外的语句块。

（条件判断结果为 True 和条件判断结果为 False 是什么意思呢？）

条件判断结果为 True 的意思是条件判断成立；条件判断结果为 Flase 的意思是条件判断不成立。所以条件判断语句能控制程序的执行，用 Python 来表示其基本形式为：

if 判断条件：

    执行语句块 A….

else:

    执行语句块 B

当条件判断为 True 时，执行语句块 A；当条件判断为 False 时，执行语句块 B。else 为可选语句，当条件判断为 False 时，也需要执行指定的程序，可以使用 else。

当你阅读程序时，你可以把【if】翻译成【如果】，把【else】翻译成【否则】。

举个例子：

if 今天天气好：

    出去玩。

解析：

今天天气好是一个条件判断，如果今天晴空万里，说明天气很好，条件判断是 True，执行语句块：出去玩。如果今天狂风暴雨，说明天气不好，条件判断是 False，不执行语句块：出去玩。

再举个例子：

if 我今天能搭好这个乐高：

    我把搭好的乐高当作生日礼物送给蕾蕾。

else:

    我就送芭比娃娃。

解析：

我今天能搭好这个乐高是一个条件判断，如果我今天搭好了这个乐高，条件判断是 True，那么就会执行语句块：我把搭好的乐高当作生日礼物送给蕾蕾。如果我今天不能搭好这个乐高，条件判断是 False，那么就不会执行语句块：我把搭好的乐高当作生日礼物送给蕾蕾。而是执行 else 中的语句块：我就送芭比娃娃。

 我感觉条件判断语句类似于语文中的如果……那么……和如果……那么……否则……。

 是的，接下来一起来学习吧！

7.2　如果……那么……

在 Python 中，有特定的语句来表示如果……那么……，称为【if 语句】。

 if 判断条件：
　　　　执行语句块……

当判断条件为真时，则运行执行语句。

先来做一个简单的计算 12 + 45，如果你输入的答案是正确的，那么就能获得奖励。
用 Python 的【if 语句】来表示。

```
sum = int(input("12 + 45 = "))
if(sum == 57):
        print("恭喜你答对了，给你一个奖励。")
```

选择菜单栏中的【Run】→【Run Module】选项，运行程序：

12 + 45 =

 小误，你来输入答案。

 小 case，输入正确答案 57。

12 + 45 = 57
恭喜你答对了，给你一个奖励。

 这个小计算不是问题，但是这个程序我有点不理解，拓博士再给我讲讲这个 if 程序吧。

 来，看我一行一行解释。

1.　sum = int(input("12 + 45 = "))

input() 函数已经学习过，是用来接收输入的，得到的值是字符串类型，但是两个数字相加的计算结果应该是数字，所以需要将它转变成数字类型。

通过 int() 将得到的字符串类型转换成数字类型中的整数类型。

即：将 "57" 转成 57。

2.

```
if(sum == 57):
    print(" 恭喜你答对了，给你一个奖励。")
```

这是一个 if 语句。判断条件为【sum == 57】，【==】是一个比较运算符，对比两个对象是否相等，在这里就是比较【sum】和【57】是不是相等。在后面的内容中，我们还会详细介绍。

如果【sum == 57】为 True，也就是 sum 也是 57，那么会执行【：】之后的代码：

print(" 恭喜你答对了，给你一个奖励。")

12 + 45 = 57
恭喜你答对了，给你一个奖励。

如果【sum == 57】为 False，也就是 sum 不是 57，那么不会执行下一行代码，在这个程序中就不会有任何输出了。

12 + 45 = 66

小误，现在你理解了吗？

嗯嗯，我懂程序的含义了，但是我觉得这个程序可以改进一下。

如果我输入的结果不对，程序可以提示我记录错题集，帮助我们学习。

当然可以了，接下来学习【如果……那么……否则……】语句。

7.3　如果……那么……否则……

刚刚那个程序是不是可以改成：

计算 12 + 45，

如果答对了：

　　那么可以得到奖励。

否则：

　　在错题本中记录这道题目。

在 Python 中表示【如果……那么……否则……】的语句称为 if-else 语句。

代码

```
if 判断条件：
    执行语句块 A
else：
    执行语句块 B
```

用 Python 来表示就是：

代码

```
sum = int(input("12 + 45 = "))
# 如果答对了
if(sum == 57):
    print(" 恭喜你答对了，给你一个奖励。")
# 否则
else:
    print(" 抱歉，回答错误，请在错题本中记录下这道题目。")
```

运行程序，结果如下：

12 + 45 =

小溪你来试试：

12 + 45 = **57**
恭喜你答对了，给你一个奖励。

我再试试错误答案，再次运行程序，看看 Python 会怎么反应：

12 + 45 = **58**
抱歉，回答错误，请在错题本中记录下这道题目。

对，我要的效果就是这样的，Python 真厉害，
它是怎么办到的。

代码
```
if 判断条件:
    执行语句块 A
else:
    执行语句块 B
```

当 if 后面的条件判断为 True 时，则执行语句块 A；当 if 后面的条件判断为 False 时，
则执行语句块 B。

当输入的答案为 57 时，程序第二句：if(sum == 57): 中的条件判断 sum == 57 为
True，所以执行语句块：

print（"恭喜你答对了，给你一个奖励。"），然后程序结束。

当输入的答案为 58 时，程序第二句：if(sum == 57): 中的条件判断 sum == 57 为 Flase，
所以执行语句块：

print(" 抱歉，回答错误，请在错题本中记录下这道题目。")，然后程序结束。

接下来我们再来学习几个更加厉害的条件语句。

7.4　if-elif-else 语句

在 Python 中，还有一个复杂的 if 语句，叫作【if-elif-else】语句。

语句形式为：

```
if 条件判断：
    执行语句块 A
elif 条件判断：
    执行语句块 B
......
else:
    执行语句块 C
```

当要进行多个条件判断时，就可以用 if-elif-else 语句。elif 可以有多个，例如：

```
if 条件判断：
    执行语句块 A
elif 条件判断：
    执行语句块 B
elif 条件判断：
    执行语句块 B1
......
else：
    执行语句块 C
```

大家都玩过猜数字游戏，我选定一个数字 48，然后给出一个范围 0 ～ 100，当有人猜 23 时，我要给出提示：哎呀，数字小了。当有人猜 66 时，我要给出提示：哎哟，数字大了。当有人猜 48 时，我会说：哎哟不错，猜对了。

我们用 Python 的【if-elif-else】语句来实现这个游戏。

```
num = int(input(" 请输入在 0-100 中的数字："))
if num < 48:
    print(" 哎呀，数字小了。")
elif num > 48:
    print(" 哎哟，数字大了。")
else:
    print(" 哎哟不错，猜对了。")
```

运行程序，结果为：

请输入在0-100中的数字：

 小溴你来猜一个数字。

 我猜 56。

请输入在0-100中的数字：**56**
哎哟，数字大了。

 重新运行程序，小 p 来猜一个。

 我猜 46。

请输入在0-100中的数字：**46**
哎呀，数字小了。

 哈哈，那就是在 46～56，范围缩小了。

 我猜 48。

请输入在0-100中的数字：**48**
哎呦不错，猜对了。

 我答对了，开心。但是程序是怎么判断我输入的答案是大了还是小了的呢？

我们一起来分析程序。

1.　num = int(input(" 请输入在 0-100 中的数字："))

程序第一行，接收输入的字符串，并且将其转换为数字类型。

2.　接下来就用 Python 的 **if-elif-else** 语句进行判断：

```
if num < 48:
    print(" 哎呀，数字小了。")
elif num > 48:
    print(" 哎哟，数字大了。")
else:
    print(" 哎呦不错，猜对了。")
```

【<】【>】是比较运算符，用来比较两个数的大小关系，相信这个你不陌生吧。

当输入的数字为 56 时，程序首先会执行第一个 if 条件判断：num < 48，56 怎么会小于 48 呢，所以结果为 False，程序继续往下执行。

执行第二个 elif 的条件判断：num > 48，56 大于 48 没问题，所以结果为 True，程序执行 print(" 哎哟，数字大了。")，打印出【哎哟，数字大了。】，程序结束。

当输入的数字为 46 时，程序首先会执行第一个 if 条件判断：num < 48，46 小于 48 正确所以结果为 True，程序执行 print(" 哎呀，数字小了。")，打印出【哎呀，数字小了。】，程序结束。

当输入的数字为 48 时，程序首先会执行第一个 if 条件判断：num < 48，结果为 False，程序继续往下执行。执行第二个 elif 的条件判断：num > 48，结果为 False，程序继续往下执行。以上所有条件都不满足，那么程序将会执行 else 后面的语句。

在程序中执行 else 后面的语句块 print(" 哎呦不错，猜对了。")，打印出【哎呦不错，猜对了。】，程序结束。

我发现一个问题。

if 语句执行时，如果在某一个分支条件判断为 True，程序执行完该判断对应的语句之后，程序会忽略剩下的 elif 和 else。

你看我的分析：

当输入的数字为 46 时，程序首先会执行第一个 if 条件判断，条件判断为 True，执行

"："后的语句块，执行完语句块之后，接下来的 elif 和 else 语句就不会执行了。

当输入的数字为 56 时，程序首先会执行第一个 if 条件判断，条件判断为 False，接下来执行 elif 中的条件判断，条件判断为 True，执行"："后面的语句块，执行完语句块之后，接下来的 else 语句就不执行了。

当输入的数字为 48 时，程序会执行第一个 if 条件判断和 elif 条件判断，当它们的条件判断结果都为 False 时，执行 else 语句后面的语句块。

你总结得很到位。所以写 if 语句时，条件判断的设定要好好琢磨哦。

接下来认识 if-elif-else 的变形结构：if-elif-elif-····-else，当你的程序需要很多个分支时，可以使用这个变形结构来完成。

身体质量指数（BMI 指数）你知道吗？是目前国际上常用的衡量人体胖瘦程度以及是否健康的一个标准。今天我们使用 if-elif-elif-····-else 语句来开发一个程序进行身体质量指数的判断。

BMI 范围	结果
<=18.4	偏瘦
18.5 ~ 23.9	正常
24.0 ~ 27.9	过重
>= 28.0	肥胖

```
Bmi = float(input(" 请输入你的 BMI 指数："))
if Bmi <= 18.4:
    print(" 呀，偏瘦呢，你要多吃点。")
elif 18.5 <= Bmi <= 23.9:
    print(" 很正常哦。")
elif 24.0 <= Bmi <= 27.9:
    print(" 呀，过重呢，要注意控制饮食和多运动哦。")
elif Bmi >= 28.0:
    print(" 呀，肥胖了，要引起重视了。")
else:
    print(" 您的输入超出了我的能力。")
```

运行程序：

输入值为 18.6 时：

> 请输入你的BMI指数：**18.6**
> 很正常哦。

程序实现了 BMI 指数的判断。

Bmi = float(input(" 请输入你的 BMI 指数："))

将接收到的输入值转化为 float 数据类型。因为 BMI 指数是 float 数据类型，所以需要将接收到的输入值转化为 float 数据类型。

因为程序需要多个分支，所以程序中使用了三个 elif。

7.5　条件语句小挑战

小溪今天学习了条件语句，小朋友们，你们学会了吗？

一起来参与 Python 星球的条件语句小挑战吧！

我的小勇士，我相信你是最棒的！

请完成下面的考验。

1．如果明天下雨，就不用去上学了。

用 Python 的 if 语句表示。

2．如果你今天能整理好玩具，那么你明天还能继续玩，否则，就不能再玩了。用 Python 的 if-else 语句表示。

3．一个评定学习成绩优良中差的规则是这样的：

分数大于 90，评优；

分数大于 80，评良；

分数大于 60，评中；

否则就是差。

用 Python 的 if-elif-else 语句表示。

输入分数，让程序判断优良中差。

完成考验，请核对：

1．Python 的 if 语句表示为：

if 明天下雨：

不用去上学。

2．Python 的 if-else 语句表示为：

if 你今天能整理好玩具：

你明天还能继续玩。

else:

明天不能再玩了。

3．

```
score = float(input(" 请输入分数："))
if score > 90:
    print(" 优，你很优秀哦。")
elif score > 80:
    print(" 良，再加把劲，你会更加优秀的。")
elif score > 60:
    print(" 中，我觉得你能更加厉害。")
else:
    print(" 差，要加油咯。")
```

运行程序：

当输入 98

请输入分数：**98**
优，你很优秀哦。

当输入 88

请输入分数：**88**
良，再加把劲，你会更加优秀的。

当输入 78

请输入分数：**78**
中，我觉得你能更加厉害。

当输入 58

请输入分数：**58**
差，要加油咯。

## 第 8 章

攻克烦琐的重复工作

8.1 认识循环语句

翻开拍博士秘籍

Python 是一种编程语言，它拥有奇妙的能量，那就是能让重复烦琐的工作变得很简单。

Python 是怎么做到的呢？

它是通过循环语句来完成的。

什么是循环语句呢？

只需告诉 Python 需要重复做的事情怎么做以及需要做多少次，Python 就能帮助我们完成。

Python 语法心经：

Python 循环语句有两种形式，一种形式是 while 循环语句，另一种形式是 for 循环语句。

while 条件判断：

　执行语句块 A

比如：在跑步比赛中，我们使用 while。判断条件是"现在的位置没到终点位置"，执行的语句块 A 是"向前奔跑"。

while 现在的位置没到终点位置

　向前奔跑

只要现在的位置没有到达终点，将一直向前奔跑。

当到达终点，就不再向前奔跑了。

这种形式适合由条件判断控制程序是否重复执行。

for 循环语句：

for item in iterable:

　　执行语句块

iterable 是对象，可以是字符串，也可以是列表。

当 iterable 里面的内容没有数完，执行语句块就会一直继续。

举个例子：

我今天要折 100 个千纸鹤。

如果 Python 来完成这件事情的话，我们只需告诉 Python：一个千纸鹤怎么做，然后重复 100 次，Python 就能快速地完成任务。

一起来见识 Python 强大的循环能量吧！

8.2　while 循环语句

首先来认识 while 循环语句。

while 循环语句的基本结构如下。

while 条件判断：

　　执行语句块

while 有一个神奇的魔力是：当条件判断成立（True）时，程序自动运行，做语句块里面指定的事情。

while 循环是通过条件判断来控制循环的。

先来一个熟悉的例子学习 while 循环语句，就是抄写生字。在学习一个生字时，老师经常让我们抄写很多次。

今天小 p 学习了 " 晶 " 字，老师让抄写 10 遍。

现在用 while 循环语句帮我们完成抄写生字的任务吧。

抄写 10 遍，设置变量 count 来帮我计数，这样就可以保证 10 遍既不会多也不会少。count 从 0 开始计数，然后进行抄写任务，每完成一次抄写 count+1，只抄写 10 遍，所以只有当 count 不足 10（也就是 count<10）时才需要继续抄写。

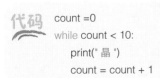

```
count =0
while count < 10:
    print(" 晶 ")
    count = count + 1
```

选择菜单栏中的【Run】→【Run Module】命令运行程序，运行结果为：

晶

晶

晶

晶

晶

晶

晶

晶

Python 一下就完成了 10 遍的抄写，好厉害。来给我解释一下程序吧。

好，一句一句来给你解释。

count = 0

创建一个数字对象 0，将变量 count 指向 0，用来计数。

while count < 10:

    print(" 晶 ")

    count = count + 1

这是一个 while 循环语句。

程序第 1 次执行 while 循环语句。此时 count = 0，while 后面的条件判断 count <
10，0 小于 10 成立（条件为 True），执行后面的代码块：

print(" 晶 ")

count = count + 1

秘 籍 小 贴 士

条件判断：如果条件成立，那么我们会说 True。

比如：2 比 1 大，2>1，条件成立，为 True。

如果条件不成立，那么我们会说 False。

比如：6 小于 1，6<1，这个显然是错误的说明，那么条件不成立，为 False。

程序会打印出 " 晶 "，然后 count = count + 1 = 0+1=1。

程序第 2 次执行 while 循环语句。此时 count =1，while 后面的条件判断 count <
10，1 小于 10 成立（条件为 True），执行后面的代码块：

print(" 晶 ")

count = count + 1

程序会打印出 " 晶 "，然后 count = count + 1 =1+1=2。

程序第 3 次执行 while 循环语句。此时 count =2，while 后面的条件判断 count <
10，2 小于 10 成立（条件为 True），执行后面的代码块：

print(" 晶 ")

count = count + 1

程序会打印出 " 晶 "，然后 count = count + 1 = 2+1=3。

……

程序第 9 次执行 while 循环语句。此时 count =8，while 后面的条件判断 count <
10，8 小于 10 成立（条件为 True），执行后面的代码块：

print(" 晶 ")

count = count + 1

程序会打印出 " 晶 "，然后 count = count + 1 = 8+1=9。

程序第 10 次执行 while 循环语句。此时 count =9，while 后面的条件判断 count <
10，9 小于 10 成立（条件为 True），执行后面的代码块：

print(" 晶 ")

count = count + 1

程序会打印出 " 晶 "，然后 count = count + 1 = 9+1=10。

程序第 11 次执行 while 循环语句。此时 count =10，while 后面的条件判断 count <
10，10<10 不成立（条件为 False），循环程序结束。

 今天数学老师布置了一个作业：计算 1+2+3+4+5+…+100 的和能用 Python 来完成吗？

当然可以，我们先来分析一下。

之前我们学习了 count = count + 1，可以帮助我们完成数字从 1 变化到 100。

声明一个变量 num，设置初始值 num=1，用同样的方法不断地增加 1，num=num+1。

需要让 Python 重复做的事情是加法，因为 while 循环是通过条件判断来控制循环的，当完成最后一个加法就结束循环，最后一个加法 num=100，那么条件判断就是：num <= 100。

这样就可以表示 1，2，3，4，5，6，7，…，98，99，100 了。

我们需要完成的是加法运算，所以还需要一个变量 sum，用来记录求和的结果。因为是连续加法运算，所以每次求和的结果就等于之前的和加上最新相加的数字，sum=sum+1。

分析完成了，接下来我们来完成这个程序。

```
num = 1
sum = 0
while num <= 100:
    sum = sum + num
    num = num + 1
print("1+2+3+4+5+6+……+100 = %d" % sum)
```

运行程序，结果为：

1+2+3+4+5+6+······+100 = 5050

 Python 好厉害，这是怎么做到的？

 我们再次一句一句地分析程序吧。

num = 1 定义了变量 num，代表相加的数字，从 1 开始，设置初始值为 1。

sum = 0 定义了变量 sum，代表数字相加的和，还没开始计算时和是 0，所以设置初始值为 0。

```
while num <= 100:
    sum = sum + num
    num = num + 1
```

这是一个 while 循环语句。

程序第 1 次执行 while 循环语句。此时 num =1，sum =0，程序执行 while num <= 100:，进行条件判断 num <=100 为 True，所以执行后面的代码块：

```
sum = sum + num
num = num + 1
```

执行了代码块之后，sum = 0 + 1 = 1，num = 1+1 = 2。

程序继续第 2 次执行 while 循环语句。此时 num = 2，sum =1，程序执行 while num <= 100:，进行条件判断 num <= 100 为 True，所以执行后面的代码块：

```
sum = sum + num
num = num + 1
```

执行了代码块之后，sum = 1 + 2 = 3，num = 2 + 1 = 3。

程序继续第 3 次执行 while 循环语句。此时 num = 3，sum =3，程序执行 while num <= 100:，进行条件判断 num <= 100 为 True，所以执行后面的代码块：

```
sum = sum + num
num = num + 1
```

执行了代码块之后，sum = 3 + 3 = 6，num = 3 + 1 = 4。

程序继续第 4 次执行 while 循环语句。此时 num = 4，sum =6，程序执行 while num <= 100:，进行条件判断 num <= 100 为 True，所以执行后面的代码块：

```
sum = sum + num
num = num + 1
```

执行了代码块之后，sum = 6 + 4 = 10，num = 4 + 1 = 5。

......

程序继续第 99 次执行 while 循环语句。此时 num = 99，sum = 4851，程序执行

while num <= 100:，进行条件判断 num <= 100 为 True，所以执行后面的代码块：

sum = sum + num

num = num + 1

执行了代码块之后，sum = 4851 + 99 = 4950，num = 99 + 1 =100。

程序继续第 100 次执行 while 循环语句。此时 num = 100，sum = 4950，程序执行 while num <= 100:，进行条件判断 num <= 100 为 True，所以执行后面的代码块：

sum = sum + num

num = num + 1

执行了代码块之后，sum = 4950 + 100 = 5050，num = 100 + 1 =101。

程序继续第 101 次执行 while 循环语句。此时 num = 101，sum = 5050，程序执行 while num <= 100:，进行条件判断 num <= 100 为 False，所以不执行后面的代码块。

执行 print("1+2+3+4+5+6+…+100 = %d" % sum) 将结果进行输出：

1+2+3+4+5+6+…+100 = 5050，程序结束。

好棒的 while 循环语句，能帮助我们做重复的事情。但是我发现一个问题：为什么 while 循环语句中

> while num <= 100:
>
>   sum = sum + num
>
>   num = num + 1

后面的两行代码，前面有 4 个空格？

这是一个很值得问的问题，这涉及程序的缩进。

Python 对代码的缩进很敏感也很严格。

什么叫缩进呢?

先来看下程序：

代码

```
num = 1
sum = 0
while num <= 100:
    sum = sum + num
    num = num + 1
print("1+2+3+4+5+6+……+100 = %d" % sum)
```

在 while 循环语句中，属于同一个代码块的所有语句都要保持一样的缩进。
例如：

代码

while num <= 100:

　　sum = sum + num

　　num = num + 1

中的

sum = sum + num

num = num + 1

属于同一个代码块，所以代码前缩进了 4 个空格，可以通过按 **Tab** 键或者空格键四下来完成，比较推荐使用 Tab 键。

```
num = 1
sum = 0
while num <= 100:
    sum = sum + num
    num = num + 1
print("1+2+3+4+5+6+……+100 = %d" % sum)
```

在程序中，

print("1+2+3+4+5+6+……+100 = %d" % sum)

和

sum = sum + num

num = num + 1

的缩进是不一样的，所以它
会在while 循环结束之后才会执行。

> 学习了 while 循环语句，它能把复杂的
> 事情变得简单。

它还有一个小伙伴：for 循环语句，也有同样神奇的魔力，来一起认识它吧。

8.3 for 循环语句

for 循环语句的基本结构是：

for item in iterable:

　　执行语句块

for 是 Python 中的关键字。

iterable 是对象，可以是字符串，也可以是列表。

item 是变量，指向对象中的元素。

for 循环语句能遍历 iterable 中所有的对象。

遍历：是按照一定的规则访问包含的所有元素。

用 for 语句帮助我们完成抄写"晶"字 10 次要怎么实现呢？

首先来分析：

for 语句中循环的次数是通过遍历对象来控制的，现在要完成抄写"晶"字 10 次，所以要创建一个包含 10 个元素的列表，里面的值可以随意指定：[1,1,2,2,3,3,4,4,5,5]，访问这个列表就能循环 10 次。

这里列表里包含了什么不重要，重要的是它有 10 个元素，这样 for 循环就可以重复 10 次。因为这个程序并没有使用列表中的元素，仅仅是重复 10 次。

```python
for item in [1,1,2,2,3,3,4,4,5,5]:
    print("晶")
```

运行程序，结果为：

晶

晶

晶

晶

晶

晶

晶

晶

晶

好棒，抄写 10 次"晶"成功了。而且两句就解决了。

是的，我们一起来看看怎么办到的。

1.

```
for item in [1,1,2,2,3,3,4,4,5,5]:
    print(" 晶 ")
```

这是 for 循环语句。

这里的对象是一个列表 [1,1,2,2,3,3,4,4,5,5]，创建了变量 item，每一次循环会创建一个数字对象，将 item 指向数字对象。

2. 程序执行 for item in [1,1,2,2,3,3,4,4,5,5]:

item =1，执行【 : 】后面的语句：print(" 晶 ")，打印出晶。

3. 程序继续执行：for item in [1,1,2,2,3,3,4,4,5,5]:

item= 1，执行【 : 】后面的语句：print(" 晶 ")，打印出晶。

4. 程序继续执行：for item in [1,1,2,2,3,3,4,4,5,5]:

item= 2，执行【 : 】后面的语句：print(" 晶 ")，打印出晶。

5. 程序继续执行：for item in [1,1,2,2,3,3,4,4,5,5]:

item= 2，执行【 : 】后面的语句：print(" 晶 ")，打印出晶。

6. 程序继续执行：for item in [1,1,2,2,3,3,4,4,5,5]:

item= 3，执行【 : 】后面的语句：print(" 晶 ")，打印出晶。

7. 程序继续执行：for item in [1,1,2,2,3,3,4,4,5,5]:

item= 3，执行【 : 】后面的语句：print(" 晶 ")，打印出晶。

8. 程序继续执行：for item in [1,1,2,2,3,3,4,4,5,5]:

item= 4，执行【 : 】后面的语句：print(" 晶 ")，打印出晶。

9. 程序继续执行：for item in [1,1,2,2,3,3,4,4,5,5]:

item= 4，执行【 : 】后面的语句：print(" 晶 ")，打印出晶。

10. 程序继续执行：for item in [1,1,2,2,3,3,4,4,5,5]:

item= 5，执行【 : 】后面的语句：print(" 晶 ")，打印出晶。

11. 程序继续执行：for item in [1,1,2,2,3,3,4,4,5,5]:

item= 5，执行【：】后面的语句：print(" 晶 ")，打印出晶。

程序就结束了。10 遍"晶"字就完成了抄写。

如果下次老师要我抄写 100 遍生字，那么列表是不是要写 100 个元素，好可怕。

你说的有道理，我看看有没有其他更好的方法。我觉得 range() 函数能帮我们的忙。

range(start,stop[,step]) 函数的作用是创建一个整数列表。

列表的起始数字是从 start 开始，默认为 0。

列表的结束数字到 stop 结束，但是不包括 stop。例如：range(0,10) 会生成列表 [0,1,2,3,4,5,6,7,8,9]，从 0 开始，但是不包括 10。

step：步长，可以设置，也可以不设置。默认为 1。

例如：range(0,10,2) 中设置了 step 步长为 2，所以生成的整数列表会从 0 开始每次增加 2，所以最终生成的列表是：[0,2,4,6,8]，这就是步长的作用。

接下来使用 range() 函数完成抄写 10 次"晶"字的程序吧。

```
for item in range(0,10):
    print(" 晶 ")
```

运行程序：

晶
晶
晶
晶
晶
晶
晶
晶
晶
晶

程序中使用 range(0,10) 生成了列表 [0,1,2,3,4,5,6,7,8,9]，for 循环通过遍历列表 [0,1,2,3,4,5,6,7,8,9] 控制了循环次数。

那么你怎么知道生成的是列表 [0,1,2,3,4,5,6,7,8,9] ？

我们将 for 循环中的变量 item 打印出来看看，item 指向的值就是生成的列表中的值。

```
for item in range(0,10):
    print(item)
```

运行程序，结果如下：

```
0
1
2
3
4
5
6
7
8
9
```

可以尝试用 for 循环语句实现计算 1+2+3+…+100。

8.4　break 和 continue

在循环语句中，还有两个很好用的关键字：continue 和 break。

continue：跳出本次循环。

break：跳出整个循环。

要怎么使用呢？一起来探索吧。

例如，有一个题目：要找到列表 [3，5，8，1，4，10，9，34，56] 中第一个大于 9 的数字。

分析：

要找到列表中第一个大于 9 的数字，就要把列表中的数字一个一个地取出来和 9 对比，显然用 for 循环语句比较合适，当发现第一个大于 9 的数字将它返回。

遇到一个问题：如果我找到了列表中第一个大于 9 的数字，还需要继续将列表中的数字取出来吗？

答案很明显，是不用再继续了，那我怎么停止呢？

这时就可以用 break 关键字，跳出整个循环。

分析好了，开始写代码吧。

```
for item in [3,5,8,1,4,10,9,34,56]:
    if item > 9:
        print(" 列表中第一个大于 9 的值是：")
        print(item)
        break
```

运行程序：

列表中第一个大于9的值是:
10

经过之前的学习，我已经知道程序是怎么运行的了。

1. 第 1 次循环，item=3。

此时 if item > 9: 中条件判断【item>9】=False，不执行【 : 】后面的语句。

2. 进入第 2 次循环，item =5。

此时 if item > 9: 中条件判断【item>9】=False，不执行【 : 】后面的语句。

3. 进入第 3 次循环，item =8。

此时 if item > 9: 中条件判断【item>9】=False，不执行【 : 】后面的语句。

4. 进入第 4 次循环，item =1。

此时 if item > 9: 中条件判断【item>9】=False，不执行【 : 】后面的语句。

5. 进入第 5 次循环，item =4。

此时 if item > 9: 中条件判断【item>9】=False，不执行【 : 】后面的语句。

6. 进入第 6 次循环，item =10。

此时 if item > 9: 中条件判断【item>9】=True，执行【 : 】后面的语句。

print(" 列表中第一个大于 9 的值是 :")

print(item)

break

打印列表中第一个大于 9 的值是：10。

然后 break 跳出循环，程序结束。

解释得很正确。

哈哈，那么 continue 呢？

列表 [3，5，8，1，4，10，9，34，56]，找出里面的奇数。注意：奇数是不能被 2 整除的整数。

按照惯例，先来分析一下：

1. 首先，奇数是不能被 2 整除的整数，那么把能被 2 整除的整数剔除，剩下的就是不能被 2 整除的奇数。

2. 能被 2 整除要怎么表示？

用之前学习过的 %：获取除法的余数。

例如：4 % 2=0，那么就说明 4 是偶数。

3. 要找出列表中的奇数，就要将列表中的数一个一个地取出来（显然也是 for 循环比较合适）看是否能被整除，如果不能被整除，则打印；能被整除则跳出此次循环，不执行打印程序。

分析好了，来完成代码。

注意：

留心观察代码的缩进哟！！！

```python
print("列表中的奇数有 :")
for item in [3,5,8,1,4,10,9,34,56]:
    if item % 2 == 0:
        continue
    print(item)
```

运行程序，结果如下：

```
列表中的奇数有：
3
5
1
9
```

一起来看下程序。

1. 第 1 次循环，item = 3，3 % 2 = 1。

if item % 2 == 0: 中的条件判断【item % 2 == 0】为 False，不执行【:】后的 continue，继续执行【print(item)】，打印 3。

2. 第 2 次循环，item = 5，5 % 2 = 1。

if item % 2 == 0: 中的条件判断【item % 2 == 0】为 False，不执行【:】后的 continue，继续执行【print(item)】，打印 5。

3. 第 3 次循环，item =8，8 % 2 = 0。

if item % 2 == 0: 中的条件判断【item % 2 == 0】为 True，执行【:】后的 continue 跳出本次循环，不执行【print(item)】，什么都没有打印。

4. 第 4 次循环，item =1，1%2 =1。

if item % 2 == 0: 中的条件判断【item % 2 == 0】为 False，不执行【:】后的 continue 继续执行【print(item)】，打印 1。

后面的循环也是一样的。

真开心，今天真是充实的一天，学习到很多有趣的内容。

8.5 循环小挑战

小溪和小 p 今天学习了 Python 中的循环小挑战。小朋友们，你们会了吗？
一起来参与 Python 星球的循环小挑战吧！

我的小勇士，我相信你是最棒的！
请完成下面的考验。

1. 使用 while 循环抄写你的名字 5 次。

2. 使用 for 循环计算 1+ 2+3+4+5+6+7+8+……+998+999+1000 的结果。

3. 使用 continue 找出列表 [1，4，5，6，7，8，9，10] 中的奇数。

4. 使用 break 找到列表 [10，2，3，4，5，6，76，88] 中第一个大于 40 的值。

完成考验，请核对：

1.

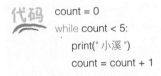
```
count = 0
while count < 5:
    print(" 小溪 ")
    count = count + 1
```

运行程序，结果为：

小溪
小溪
小溪
小溪
小溪

2.

```
sum = 0
for item in range(1,1001):
    sum = sum + item
print("1+2+3+4+5+6+7+8+……+998+999+1000 = %d" % sum)
```

运行程序，结果为：

1+2+3+4+5+6+7+8+……+998+999+1000 = 500500

3.

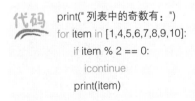
```
print(" 列表中的奇数有：")
for item in [1,4,5,6,7,8,9,10]:
    if item % 2 == 0:
        icontinue
    print(item)
```

运行程序，结果如下：

列表中的奇数有：
1
5
7
9

4.

```
for item in [10,2,3,4,5,6,76,88]:
    if item > 40:
        print("列表中第一个大于 40 的数字是：%d" % item)
        break
```

运行程序，结果如下：

列表中第一个大于40的数字是：76

## 第 9 章

七十二变的字符串

9.1 新伙伴——字符串

翻开拍博士秘籍

Python 是一种编程语言，但是它也有自己的记忆中枢，可以存储数据。Python 凭借记忆中枢可以存储很多种类型的数据。其中有一种类型叫作字符串。

什么是字符串类型的数据呢？

字符串是一串字符，需要用单引号（''）或者双引号（" "）将字符串括起来，单引号和双引号都是英文的。

可别小看这小小的字符串，它可是能七十二变，它可以将两个字符串变成一个字符串；可以组成特定格式的字符串进行输出；可以将字符串中的小写变成大写；可以对字符串进行乘法操作……

今天就一起来看看字符串的七十二变。

小 p，在之前的学习中，已经学习过字符串了，你记得吗？

当然记得了，我现在能轻而易举地写出字符串，例如："Hello" 和 ' 你好 ' 都是字符串。

我也来写一个，"Python"，现在看来，字符串在 Python 中用得还是很多的。听说字符串能七十二变呢？

例如：字符串 "I like" 和字符串 "China" 要怎么拼接起来呢。

Python 用＋号就可以帮你拼接起来。

那么厉害吗？我要学习！

一起来学习字符串的七十二变吧。

9.2 看我七十二变

1．＋拼接字符串

现在有两个字符串：

（1）" 我最喜欢的运动是 "

（2）" 乒乓球 "

如果把它们连接成一句话，应怎样连接呢？

＋不仅能对数字类型进行加法运算，还能把字符串连接起来。

代码
```
s1 = " 我最喜欢的运动是 "
s2 = " 乒乓球 "
print(s1 + s2)
```

运行程序，结果为：

我最喜欢的运动是乒乓球

＋果然把两个字符串拼接起来了。

2．格式化函数 format() 函数

拓博士，我遇到一个复杂的字符串拼接问题，好像用＋号解决不了。

说来听听。

 今天老师让我们做一个填空题：
我们把手一拍，便看见一只大鸟飞了起来。我们（　）拍掌，树上就变得热闹了。
我想填入：继续。
用 Python 要怎么拼接起来呢？

 小误，你记得之前学过的 %s 占位符吗？

 我想起来了，%s 可以替代。

小朋友们，你们记得怎样用 %s 占位符吗？用 %s 继续填入空格中，然后打印出来。

```
insertStr = " 继续 "
print(" 我们把手一拍，便看见一只大鸟飞了起来。我们 %s 拍掌，树上就变得热闹了。" % insertStr)
```

运行程序，结果为：

我们把手一拍，便看见一只大鸟飞了起来。我们继续拍掌，树上就变得热闹了。

> 除了 %s，还有 format() 函数也能实现。format() 函数也称为格式化函数。

一起使用 format() 函数将"继续"填充到"我们把手一拍，便看见一只大鸟飞了起来。我们（　）拍掌，树上就变得热闹了。"并且打印到屏幕上。

```
print(" 我们把手一拍，便看见一只大鸟飞了起来。我们 {} 拍掌，树上就变得热闹了。".format(" 继续 "))
```

运行程序，结果为：

> 我们把手一拍，便看见一只大鸟飞了起来。我们继续拍掌，树上就变得热闹了。

程序中，通过 format() 函数将"继续"填充到"我们把手一拍，便看见一只大鸟飞了起来。我们（　　）拍掌，树上就变得热闹了。"并且打印到屏幕上。

是怎么实现的呢？

format() 函数是通过字符串中的 {} 来识别替换的字段，完成字符的格式化。

通过 {} 指定了插入的位置，通过字符串.format(" 继续 ") 指定了要插入的字符串是"继续"。

 程序中，使用 format() 函数可以插入多个字符串吗？

 当然可以，format() 函数支持多个参数，而且不仅可以插入字符串，还可以插入数字类型。

 我想在这个字符串中插入一个字符串，一个数字。

我的好朋友叫 ()，他今年 () 岁。

 好的，那一起用 format() 函数来完成。

代码
```
name = input(" 请输入你好朋友的名字：")
age = int(input(" 请输入你好朋友的年龄："))
print(" 我的好朋友叫 {0}，他今年 {1} 岁。".format(name,age))
```

运行程序，结果如下：

请输入你好朋友的名字：小p
请输入你好朋友的年龄：12
我的好朋友叫小p，他今年12岁。

一起来分析程序：

1. name = input(" 请输入你好朋友的名字： ")

age = int(input(" 请输入你好朋友的年龄： "))

程序中，首先通过变量 name 接收输入的名字；通过变量 age 接收输入的年龄。

2. print(" 我的好朋友叫 {0}，他今年 {1} 岁。".format(name,age))

通过 format() 函数将输入的名字和年龄插入字符串：我的好朋友叫（），他今年（）岁。中。

在程序中，因为要插入两个值，所以通过 {0} {1} 指定插入的位置和具体插入的值。0,1 的位置对应 format 中参数的顺序，name 在第一个位置那么对于 {0}，age 在第二个位置对于 {1}。

{0} 代表要插入的值是变量 name 指向的字符串：小 p。

{1} 代表要插入的值是 age 指向的数字：12。

可以使用 format() 函数来完成一个更加复杂的插入游戏。

```
print(" 我的好朋友是 {0} 和 {1}，{0} 今年 {2} 岁，{1} 今年 {3} 岁。"
      .format(" 小 p"," 拍博士 ",12,27))
```

运行程序，结果如下：

我的好朋友是小p和拍博士，小p今年12岁，拍博士今年27岁。

你能看懂这个结果是怎么来的吗？

print(" 我的好朋友是 {0} 和 {1}，{0} 今年 {2} 岁，{1} 今年 {3} 岁。"
      .format(" 小 p"," 拍博士 ", 12, 27))

这个字符串中的 { } 中标有 0、1、2、3，标识的是对应 format 函数中的第几个参数：0 对应的是字符串对象——' 小 p'；

1 对应的是字符串对象——' 拍博士 '；2 对应的是数字对象——12；3 对应的是数字对象——27。

所以字符串就变成了：

我的好朋友是小 p 和拍博士，小 p 今年 12 岁，拍博士今年 27 岁。

有没有被绕晕呢？

3. 换行的字符串

 拓博士，我发现当字符串很长，需要换行的时候，会有问题，例如第一个例子，我将字符串换行了，但是报错了。

 print(" 我们把手一拍，便看见一只大鸟飞了起来。
　　　我们 {} 拍掌，树上就变得热闹了。".format(" 继续 "))

运行程序，程序报错如下。

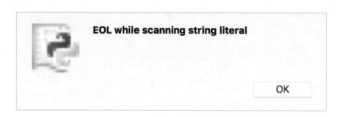

如果要换行，那么要怎样写程序才能不报错呢？

 因为彼此相邻的两个字符串或者多个字符串会自动拼接成一个字符串，所以要解决这个问题，就很容易了。

 print(" 我们把手一拍，便看见一只大鸟飞了起来。"
　　　" 我们 {} 拍掌，树上就变得热闹了。".format(" 继续 "))

运行程序，结果如下：

　　　我们把手一拍，便看见一只大鸟飞了起来。我们继续拍掌，树上就变得热闹了。

程序中，把一个字符串：
" 我们把手一拍，便看见一只大鸟飞了起来。
　　　我们 {} 拍掌，树上就变得热闹了。"
拆成了两个相邻的字符串，分别是：
" 我们把手一拍，便看见一只大鸟飞了起来。"
和
" 我们 {} 拍掌，树上就变得热闹了。"
因为彼此相邻的两个字符串会自动拼接成一个字符串，所以即使换行了，还是自动拼接成一个字符串。

4．跨越多行的字符串

我想打印跨越多行的字符串要怎么打印呢？例如：

暮江吟

一道残阳铺水中，半江瑟瑟半江红。
可怜九月初三夜，露似真珠月似弓。

哈哈，这个好像有点难，用三引号（"""…""" 或 '''…'''）来试试看。

三引号 在第 3 章学习过。

 print('''
　　　　暮江吟
一道残阳铺水中，半江瑟瑟半江红。
可怜九月初三夜，露似真珠月似弓。''')

运行程序，结果如下：

　　　　暮江吟
一道残阳铺水中，半江瑟瑟半江红。
可怜九月初三夜，露似真珠月似弓。

 在诗的前面多了一行。

 小渓，你看的真仔细。可以通过 \ 来把空格去除。

 print('''\
　　　　暮江吟
一道残阳铺水中，半江瑟瑟半江红。
可怜九月初三夜，露似真珠月似弓。''')

091

运行程序，结果如下：

暮江吟

一道残阳铺水中，半江瑟瑟半江红。

可怜九月初三夜，露似真珠月似弓。

 这就完美了。拍博士你真厉害。

 你应该说 Python 厉害。

5. 大小写变身

 字符串还能大小写变身呢？一起来见识下吧。

先来看看小写变大写。

```
s1 = "Happy New Year!"
s2 = s1.upper()
print(s2)
```

运行程序，结果如下：

HAPPY NEW YEAR!

通过 upper() 方法把 "Happy New Year!" 变成了大写："HAPPY NEW YEAR!"

Python 还可以让大写变小写。

```
s1 = "GOOD LUCK"
s2 = s1.lower()
print(s2)
```

运行程序：

good luck

通过 lower() 方法把 "GOOD LUCK" 变成了小写："good luck"。

字符串，你很厉害，让我长见识了。

6. 字符串替换

拍博士，我们平时写错了，能用涂改液进行改正，那在 Python 中写错了，要怎么改正呢？

你这个问题很有意思呢？让我想想，那可以用对的把错的替换掉。

例如：

i leke reading 中的 like 写错了，我们一起来将它改正。

```
s = "i leke reading"
print(s.replace('leke','like',1))
```

运行程序，结果为：

```
i like reading
```

果然把错误的字符串变得正确了。

是的，一起来看看怎么做到的。

主要的功劳在 replace() 函数：replace(old, new[, max]) 方法把字符串中的 old（旧字符串）替换成 new（新字符串），如果设置了第三个参数 max，则替换不超过 max 次。

程序通过

print(s.replace('leke', 'like',1))

将字符串："i leke reading" 中的 'leke' 替换成了 'like'，并且设置替换次数为 1 次，所以如果字符串中有两个 'leke'，也只会替换一次。实践出真知，通过程序来试试吧。

```
s = "i leke reading but my brother leke play game."
print(s.replace('leke','like',1))
```

运行程序，结果如下：

> i like reading but my brother leke play game.

在字符串："i leke reading but my brother leke play game." 中，有两个 leke，但是执行语句：

print(s.replace('leke', 'like',1))

之后，只替换了第一个 leke，是因为第三个参数设置为 1，如果设置为 2，那么就能将第二个 leke 也修改正确。再一起试试看看效果。

```
s = "i leke reading but my brother leke play game."
print(s.replace('leke','like',2))
```

运行程序，结果如下：

> i like reading but my brother like play game.

通过

print(s.replace('leke', 'like',2)) 语句

将字符串 "i leke reading but my brother leke play game." 中的两个 leke 都修改成 like，因为第三个参数设置为 2，所以替换了两次。

7. 删除开头和结尾的空格

有的字符串有空格，我想要去掉，要怎么做呢？

这个对于 Python 来说，就是个小 case。一起来看看。

```
s = " 我是一个开头和结尾都有空格的字符串。 "
print(s)
print(s.strip())
```

运行程序，结果如下：

我是一个开头和结尾都有空格的字符串。

我是一个开头和结尾都有空格的字符串。

程序中，通过 strip() 函数将开头和结尾的空格删除。

字符串：这里只是展示了我的部分技能，我可是有七十二变的。

在以后的慢慢认识中我都会展示给你看的哦。

 鼓掌

 鼓掌

9.3　字符串小挑战

小溪和小 p 今天领教了字符串的七十二变，小朋友们，你们会了吗?

一起来参与 Python 星球的字符串小挑战吧！

我的小勇士，我相信你是最棒的！

请完成下面的考验。

1．将字符串："我最喜欢的玩具是："和字符串："乐高"通过＋拼接起来，并且输出。

2．通过 format() 函数将数字"10"和字符串"依然"插入字符串（）年后，我在街上碰到幼儿园的伙伴"小胖"，没想到他那体型（　　）还是老样子，成了"大胖。"中，并且输出到屏幕上。

3．将字符串 "Wish all the best wishes for you." 转化为大写。

4．将字符串 "HAPPY BIRTHDAY" 转化为小写。

5．将字符串 "you are my friemd" 中的 friemd 替换为 friend。

完成考验，请核对：

1.

```
s1 = " 我最喜欢的玩具是： "
s2 = " 乐高 "
print(s1 + s2)
```

运行程序，结果如下：

我最喜欢的玩具是：乐高

2.

```
print("{0} 年后，我在街上碰到幼儿园的伙伴 " 小胖 "，没想到他那体型 {1} 还是老样子，成了 " 大胖 "。"
      .format("10"," 依然 "))
```

运行程序，结果如下：

10年后，我在街上碰到幼儿园的伙伴"小胖"，没想到他那体型依然还是老样子，成了"大胖"。

3.

```
s1 = "Wish all the best wishes for you. "
print(s1.upper())
```

运行程序，结果如下：

WISH ALL THE BEST WISHES FOR YOU.

4.

```
s1 = "HAPPY BIRTHDAY"
print(s1.lower())
```

运行程序，结果如下：

happy birthday

096

5.

代码
```
s1 = "you are my friemd"
print(s1.replace('friemd','friend',1))
```

运行程序，结果如下：

```
you are my friend
```

## 第 10 章

魔法口袋

10.1 认识列表

翻开拍博士秘籍

Python 是一种编程语言,但是它也有自己的记忆中枢,可以存储数据。Python 凭借记忆中枢可以存储很多种类型的数据。其中有一种类型叫作列表(list)。

什么是列表呢?

将多个元素用方括号 [ ] 括起来组成一个列表。元素中间用","分开。元素的数据类型可以是不相同的,可以是数字也可以是字符串,但是建议使用时列表中的元素都是相同的类型。列表中的元素是允许重复的。

例如,[' 鸡蛋 '、' 牛奶 '、' 面包 '] 这是一个早餐列表。

' 鸡蛋 '、' 牛奶 '、' 面包 ' 叫作列表的元素。

列表中的每一个元素都分配了一个数字,代表了元素在列表中的位置,叫作位置或者索引。例如:

' 鸡蛋 '——索引 0

' 牛奶 '——索引 1

' 面包 '——索引 2

在后面的学习中用到索引的地方很多,先记住它的含义。

列表是一个魔法口袋,你可以放进去很多种类型的数据;可以看口袋里具体有什么数据;可以从列表中将数据拿出来。

想不想拥有这样的一个魔法口袋呢?

10.2　拥有魔法口袋

小 p，你想拥有一个魔法口袋吗？

当然想了，我要怎么做呢？

一起来学习吧。想要拥有魔法口袋首先需要创建一个列表。

那要怎么创建列表呢？

创建列表有两种方式：

1. 创建一个空列表。

pocket = []

这就创建好了一个空的列表，并且将列表命名为 pocket。

2. 创建包含元素的列表。

pocket = [' 衣服 ']

这就创建好了包含一个元素
' 衣服 ' 的列表，并且将列表命名
为 pocket。

你学会了吗？创建一个属于你的魔法口袋吧。

创建好了列表，接下来就要往列表里装东西了。

10.3　往口袋里装东西

小 p，你已经拥有了自己的魔法口袋，你想往口袋里装什么呢？

我想放汽车模型和乐高进去。可是我要怎么放进去呢？

Python 提供了 3 种方法往口袋中放东西。先来学习第一个或许也是最适合你的方法：append() 函数。

append() 函数会在列表的末尾添加新的元素，每次只支持新增加一个元素，没有返回值。

小 p，接下来通过 append() 函数将汽车模型放入你的魔法口袋中。

```
pocket= []
pocket.append(' 汽车模型 ')
pocket.append(' 乐高 ')
print(pocket)
```

运行程序，结果如下：

['汽车模型', '乐高']

程序通过 append() 函数将 '汽车模型 ' 和 ' 乐高 ' 加入小 p 的魔法口袋中，但是 append() 函数每次只支持新增加一个元素，所以放了两次，才把 '汽车模型 ' 和 ' 乐高 ' 放入魔法口袋中。

Python 提供了方法 extend()，可以一次将多个元素放入魔法口袋中。

extend() 函数是在列表的末尾添加另一个列表。所以可以一次将多个元素添加在列表的末尾。

 我还想把学习机和电脑放入魔法口袋中。

 接下来我们通过 extend() 函数将学习机和电脑放到列表的末尾。

```
pocket= []
pocket.append(' 汽车模型 ')
pocket.append(' 乐高 ')

addItem = [' 学习机 ',' 电脑 ']
pocket.extend(addItem)
print(pocket)
```

运行程序，结果为：

['汽车模型', '乐高', '学习机', '电脑']

程序中，addItem = ['学习机','电脑'] 先创建一个包含 '学习机' 和 '电脑' 两个元素的列表 pocket.extend(addItem)，通过 extend() 函数将列表 addItem 中的元素添加到列表 pocket 的末尾。

万能的 + 不仅可以对数字类型进行加法运算，还能拼接字符串，同时可以用来串联列表。

```
pocket= []
pocket.append('汽车模型')
pocket.append('乐高')

addItem = ['学习机','电脑']
print(pocket + addItem)
```

运行程序，结果为：

['汽车模型', '乐高', '学习机', '电脑']

程序中，通过 + 将列表 pocket 和列表 addItem 串联起来。

列表中的每一个元素都分配了一个数字，代表元素在列表中的位置，叫作位置或者索引。现在小 p 的魔法口袋中只有 4 个元素：

'汽车模型' —— 索引 0

'乐高' —— 索引 1

'学习机' —— 索引 2

'电脑' —— 索引 3

注意，索引是从 0 开始计算的哦。

我还想将我的 '日记本' 放到魔法口袋中，但是我想把它放在 '学习机' 的位置上可以吗？

当然可以。

Python 提供的 insert() 函数能够帮助你。

insert() 函数：能够将元素插入指定的位置。你需要告诉 insert() 函数你要插入的位置和插入的元素。

要将 '日记本' 插入到 '学习机' 的位置上，'学习机' 的位置是索引 2，要插入的指定位置是 2，插入的元素是 '日记本'。

```
pocket= []
pocket.append(' 汽车模型 ')
pocket.append(' 乐高 ')

addItem = [' 学习机 ',' 电脑 ']
pocket.extend(addItem)
pocket.insert(2,' 日记本 ')
print(pocket)
```

运行程序，结果为：

['汽车模型'，'乐高'，'日记本'，'学习机'，'电脑']

程序中通过 pocket.insert(2,'日记本') 将 '日记本' 放到索引 2 的位置，原本在索引 2 的 '学习机' 往后移动一位，到了索引 3，原本在索引 3 的 '电脑' 也往后移动一位，到了索引 4。

拍 博 士 课 堂

如果你想要替换魔法口袋中执行索引的元素，可以通过

列表 [索引值] = 新的索引值

进行修改。

通过程序来体验一下。

好的，我想通过程序将魔法口袋：['汽车模型'，'乐高'，'日记本'，'学习机'，'电脑']
中的索引 4 的 '电脑' 替换成 '篮球'，因为妈妈说要多运动少看电脑。

```
pocket= [' 汽车模型 ',' 乐高 ',' 日记本 ',' 学习机 ',' 电脑 ']
pocket[4] = ' 篮球 '
print(pocket)
```

运行程序，看看有没有替换成功：

['汽车模型', '乐高', '日记本', '学习机', '篮球']

程序通过 pocket[4] = '篮球' 将魔法口袋中索引 4 的 '电脑' 替换成 '篮球'。

10.4　看看魔法口袋中的东西

　刚刚我们通过 print() 将魔法口袋中的元素都打印出来了。这样我们就知道魔法口袋中都装了什么？

小朋友你还记得循环吗？通过循环看看小 p 的魔法口袋中装了什么？

请写下你的答案：

```
pocket = ['汽车模型', '乐高', '日记本', '学习机', '电脑']
for item in pocket:
    print(item)
```

　小 p，你知道你的魔法口袋中一共有多少个元素吗？

　我知道呀，我数学很好的，一共有 5 个元素。

　真棒。Python 可以通过 len(列表名字) 直接获取列表的元素个数。

```
pocket = ['汽车模型', '乐高', '日记本', '学习机', '电脑']
print("列表 pocket 中元素的个数为：" + str(len(pocket)))
```

运行程序，结果如下：

列表pocket中元素的个数为：5

程序通过 len(pocket) 获取了列表 pocket 中元素的个数，len(pocket) 返回的数字是 int 类型的，通过 str() 函数将其转换为字符串类型进行输出。

 我想要拿索引为 4 的东西，能直接拿到吗？

 可以呀，Python 通过列表 [索引值] 就能直接取出相应的索引值。

一起来取出小 p 的魔法口袋中索引为 4 的东西。

```
pocket = [ ' 汽车模型 ', ' 乐高 ', ' 日记本 ', ' 学习机 ', ' 电脑 ']
print(" 索引为 4 的元素是： " + pocket[4])
```

运行程序，结果如下：

索引为4的元素是：电脑

程序通过 pocket[4] 取出列表索引为 4 的元素。

有一点需要注意：设置的索引值不能超出列表索引的最大值，不然程序会报错哦。

在小 p 的魔法口袋中索引的最大值是 4，如果设置的索引值为 7，因为索引值不存在，所以程序也会找不到，会报错提示。

```
pocket = [ ' 汽车模型 ', ' 乐高 ', ' 日记本 ', ' 学习机 ', ' 电脑 ']
print(" 索引为 7 的元素是： " + pocket[7])
```

运行程序，结果如下：

IndexError: list index out of range

程序报错提示为：列表的索引值超出了范围。

 拓博士，如果我要获取索引 2 到索引 4 的元素，应该要怎样获取呢？

给点提示：

通过列表 [开始索引：结束索引] 能获取到开始索引到（结束索引 -1）之间的元素。

　　操作列表部分的元素，在 Python 中称为列表切片。

　　操作的是部分列表元素的副本。

我来试试获取魔法口袋中索引 2 到索引 4 的元素。

【注意】

结束索引要在所取末尾元素的索引上加 1。

```
pocket = [' 汽车模型 ', ' 乐高 ', ' 日记本 ', ' 学习机 ', ' 电脑 ']
print(" 索引为 2 到索引 4 的元素是：")
print(pocket[2:5])
```

运行程序，结果如下：

> 索引为2到索引4的元素是：
> ['日记本', '学习机', '电脑']

程序中通过 pocket[2:5] 获取魔法口袋中索引 2 到索引 4 的元素。

列表还有一个神奇的能力，就是根据元素能够返回元素的索引。

```
pocket = [' 汽车模型 ', ' 乐高 ', ' 日记本 ', ' 学习机 ', ' 电脑 ']
print(" 元素乐高的索引为：" + str(pocket.index(' 乐高 ')))
```

运行程序，得到元素 ' 乐高 ' 的索引：

> 元素乐高的索引为：1

程序通过 index() 函数获取 ' 乐高 ' 在魔法口袋中的索引。

pocket.index(' 乐高 ') 获取的索引是 int 数据类型的，所以通过 str() 函数将其转换为字符串进行输出。

有了 index() 函数，不用数数就能知道元素的索引了。

10.5 删除口袋里的东西

一高兴，我把爱吃的巧克力和喜爱的游戏机都放入魔法口袋中。

pocket = ['汽车模型','乐高','日记本','学习机','电脑','巧克力','游戏机']

小 p，你往魔法口袋中放了太多的东西。

要怎么从魔法口袋中拿出来呢？

一起来看看吧。

有 3 种方法可以删除列表中的元素。

- remove() 函数：可以删除指定的元素，例如：remove('巧克力') 就可以把巧克力从魔法口袋中拿出来。
- pop() 函数：是按照索引来删除元素，例如巧克力的索引是 5，pop(5) 就可以把巧克力从魔法口袋中拿出来。
- del 语句：该函数功能比较强大，不仅可以删除指定的索引，例如 del pocket[5] 可以把巧克力删除，而且它还有一个强大的功能是，能删除几个连续的索引元素。

  例如：

  del pocket[2:6] 会把索引 2 到 5 的元素都删除。

那我试试用 remove() 来删除巧克力。

```
pocket = ['汽车模型','乐高','日记本','学习机','电脑','巧克力','游戏机']
pocket.remove('巧克力')
print(pocket)
```

运行程序，结果如下：

['汽车模型'，'乐高'，'日记本'，'学习机'，'电脑'，'游戏机']

> 我爱吃的巧克力被 remove() 函数拿走了。
> 我再试试用 pop() 函数来删除巧克力。

```
pocket = ['汽车模型','乐高','日记本','学习机','电脑','巧克力','游戏机']
pocket.pop(5)
print(pocket)
```

运行程序，结果如下：

['汽车模型'，'乐高'，'日记本'，'学习机'，'电脑'，'游戏机']

> 我爱吃的巧克力被 pop() 函数拿走了。
> 但是我觉得还是 remove() 好用，因为不用数数。

> 还真是，有兴趣你可以试试 del 语句哦。

> 我就再试试用 del 拿走我心爱的巧克力。

```
pocket = ['汽车模型','乐高','日记本','学习机','电脑','巧克力','游戏机']
del pocket[5]
print(pocket)
```

运行程序，结果如下：

['汽车模型'，'乐高'，'日记本'，'学习机'，'电脑'，'游戏机']

而且它还有一个强大的功能是，能删除几个连续的索引元素。用法是：del pocket[2:6] 会把索引 2 到 5 的元素都删除。

给大家留下一点发挥的空间：

使用 del 语句删除小 p 的魔法口袋 ['汽车模型','乐高','日记本','学习机','电脑','巧克力','游戏机'] 中索引 4 到 6 的元素。

我们一起来期待列表的小彩蛋。

 居然还有小彩蛋，迫不及待想看。

10.6　列表的小彩蛋

 小 p，你们数学老师给你们留过这样的题目吗？

数字 1，35，54，76，17，89 按照从小到大的顺序排序。

 有呢，每次这种题目我就很头疼。

 现在不要头疼了，有一位小伙伴能帮上忙。它就是 sort() 函数。一起来见识一下。

```
nums = [1,35,54,76,17,89]
nums.sort()
print(" 升序的列表 :")
print(nums)
```

运行结果：

```
升序的列表：
[1, 17, 35, 54, 76, 89]
```

 sort() 函数好棒，一下就排好了。这都是从小到大排序，我还遇到过从大到小的呢？

 我看看，原来 sort() 可以设置一个参数 reverse，让你指定是升序还是降序。

reverse = True 时，将按照从大到小排序。

代码
```
nums = [1,35,54,76,17,89]
nums.sort(reverse = True)
print(" 降序的列表 :")
print(nums)
```

运行结果如下：

```
降序的列表：
[89, 76, 54, 35, 17, 1]
```

 sort() 函数太棒了。以后我再也不怕排序了。

10.7　魔法口袋小挑战

小溪和小 p 今天获得了自己的魔法口袋，小朋友们，你们有了属于自己的魔法口袋吗？

一起来参与 Python 星球的魔法口袋小挑战吧！

我的小勇士，我相信你是最棒的！

请完成下面的考验。

1. 将你爱吃的水果放入魔法口袋，首先创建属于你自己的魔法口袋，并且命名为：fruits，通过 extend() 函数向里面装各种各样的水果：苹果、草莓、柚子、香蕉、西瓜、哈密瓜、橘子。

2. 使用 append() 函数在魔法口袋的末尾添加火龙果。

3. 使用 insert() 函数将车厘子放到索引 3 的位置。

4. 使用 remove() 函数将橘子从魔法口袋中拿出来。

5. 将最终确定的魔法口袋里的东西使用循环的方式都打印出来。

6. 将列表 [111,33,45,6,78,99,12] 从大到小排序。

完成考验，请核对：

1.

```
fruits= []
addItem = ['苹果',' 草莓',' 柚子',' 香蕉',' 西瓜',' 哈密瓜',' 橘子']
fruits.extend(addItem)
print(fruits)
```

运行程序，结果如下：

['苹果', '草莓', '柚子', '香蕉', '西瓜', '哈密瓜', '橘子']

2.

```
fruits= ['苹果',' 草莓',' 柚子',' 香蕉',' 西瓜',' 哈密瓜',' 橘子']
fruits.append('火龙果')
print(fruits)
```

运行程序，结果如下：

['苹果', '草莓', '柚子', '香蕉', '西瓜', '哈密瓜', '橘子', '火龙果']

3.

```
fruits= ['苹果',' 草莓',' 柚子',' 香蕉',' 西瓜',' 哈密瓜',' 橘子',' 火龙果']
fruits.insert(3,'车厘子')
print(fruits)
```

运行程序，结果如下：

['苹果', '草莓', '柚子', '车厘子', '香蕉', '西瓜', '哈密瓜', '橘子', '火龙果']

4.

```
fruits= ['苹果',' 草莓',' 柚子',' 香蕉',' 西瓜',' 哈密瓜',' 橘子',' 火龙果']
fruits.remove('橘子')
print(fruits)
```

运行程序，结果如下：

['苹果', '草莓', '柚子', '香蕉', '西瓜', '哈密瓜', '火龙果']

5.

```
fruits= [' 苹果 ',' 草莓 ',' 柚子 ',' 香蕉 ',' 西瓜 ',' 哈密瓜 ',' 火龙果 ']
for item in fruits:
        print(item)
```

运行程序，结果如下：

苹果
草莓
柚子
香蕉
西瓜
哈密瓜
火龙果

```
nums = [111,33,45,6,78,99,12]
nums.sort(reverse = True)
print(nums)
```

运行程序，结果如下：

[111, 99, 78, 45, 33, 12, 6]

第 11 章

Python 的拼音字典

11.1 认识字典

翻开拍博士秘籍

Python 是一种编程语言，但是它也有自己的记忆中枢，可以存储数据。Python 凭借记忆中枢可以存储很多种类型的数据。其中有一种类型叫作字典（Dictionary）。

什么是字典呢?

字典在 Python 中的表示形式是将多个元素用花括号 {} 括起来。元素中间用 , 分割。一个元素包含键（key）和值（value），键和值之间用 : 连接，形式为：{key:value,key1:value1}。需要注意的是，在一个字典中，键只能是唯一的，不能存在相同的键。

例如：

{"name" : " 小溪 ", "age" : "12", "class" : "senior", "phone" : "188xxxx9900"}

这就是一个字典。

name、age、class、phone 都是 key，小溪、12、senior、188xxxx9900 都是 value。

在字典中，可以通过唯一的键获取对应的值。

例如，可以通过 key：name 获取对应的 value：小溪。

一起来认识字典吧。

 小 p，你有没有觉得字典很熟悉。

 我觉得，它和新华字典很像。

比如要查找一个字，通过拼音查找，知道拼音就能找到它。

比如，dao 在 90 页，de 在 92 页，用字典表示就是：

{"dao" : "90", "de" : "92"}

小 p，你和我想的一样呢。

接下来我们用 Python 做一本拼音字典。

11.2　创建 Python 拼音字典

首先用 Python 来创建一个字典。

创建字典有两种方式：创建一个空字典和创建包含元素的字典。

创建一个空字典。

dic = {}

创建包含元素的字典。

dic = { "key" : "value" }

一起来创建一个空字典放拼音和页码。

dic = {}

接下来在字典里放拼音和对应的页码。

```
代码  dic = {}
      dic['ang'] = 5
      dic['bao'] = 15
      dic['cong'] = 75
      dic['deng'] = 94
      print(dic)
```

选择菜单栏中的【Run】→【Run Module】命令运行程序，程序结果为：

{'ang': 5, 'bao': 15, 'cong': 75, 'deng': 94}

放着拼音和对应页码的字典就创建好了。

1. 程序中，首先通过 dic = {} 创建了一个空字典。
2. 通过 dic[key]=value 向字典里添加元素。

```
代码  dic['ang'] = 5
      dic['bao'] = 15
      dic['cong'] = 75
      dic['deng'] = 94
```

看起来和新华字典是一样呢。

可是如果我要查询一个拼音应怎么查呢？

一起来看看字典中元素的查找。

11.3　查找拼音字典元素

要从字典中获取元素，可以通过 dic[key] 获取对应的 value。

 我想知道 bao 对应的页数。

 好的，我们一起来找到 bao 对应的页数。

```
dic = {}
dic['ang'] = 5
dic['bao'] = 15
dic['cong'] = 75
dic['deng'] = 94
print("bao 的页码是：%d" % dic['bao'])
```

运行程序，结果如下：

bao的页码是：15

程序中，通过 dic['bao'] 找到字典中 key 为 'bao' 对应的 value 为 15。

你也可以用同样的方式找到字典中其他 key 对应的 value。

 是不是比查新华字典还简单呢？

Python 还提供了 get() 方法来查找拼音字典元素。

get(key) 方法：能获取 key 对应的 value。

```
dic = {}
dic['ang'] = 5
dic['bao'] = 15
dic['cong'] = 75
dic['deng'] = 94
print("cong 的页码是：%d" % dic.get('cong'))
```

运行程序，结果为：

cong的页码是：75

程序通过 get() 方法获取 'cong' 对应的拼音页码。

11.4 修改字典元素

 如果我发现某一个 key 对应的 value 错了，我能进行修改吗？

 当然可以了。可以通过 dic[key]= 新的 value 进行修改。

假设 'deng' 拼音的页码写错了，写成了 98，现在要修改成 94，一起来修改一下。

代码
```python
dic = {}
dic['ang'] = 5
dic['bao'] = 15
dic['cong'] = 75
dic['deng'] = 98
print("deng 的错误页码是：%d" % dic['deng'])
dic['deng'] = 94
print(" 新的拼音字典为：%s" % str(dic))
```

运行程序，结果如下：

```
deng的错误页码是：98
新的拼音字典为：{'ang': 5, 'bao': 15, 'cong': 75, 'deng': 94}
```

程序中，通过 dic['deng'] = 94 将 'deng' 对应的页码修改成 94。

通过 print(" 新的拼音字典为：%s" % str(dic)) 将新的拼音字典打印，通过 str() 函数将字典转化为字符串进行打印。

【注意】

在程序中，使用占位符的方式进行字符串的格式化输出：

print("deng 的错误页码是：%d" % dic['deng'])

print(" 新的拼音字典为：%s" % str(dic))

你还记得吗？

不记得的话，要温习之前学习的内容哦。

如果我要删除字典中的某一个元素，应该怎样操作呢？

我也不知道，看来要请教拍博士。

11.5　删除拼音字典元素

删除字典元素，我想想要怎么操作。想到了，可以用 del 语句。

假设我们要删除 deng。

代码

```
dic = {}
dic['ang'] = 5
dic['bao'] = 15
dic['cong'] = 75
dic['deng'] = 98
print(" 删除 deng 前的拼音字典为：%s" % str(dic))
del dic['deng']
print(" 删除 deng 后的拼音字典为：%s" % str(dic))
```

运行程序，结果如下：

```
删除deng前的拼音字典为：{'ang': 5, 'bao': 15, 'cong': 75, 'deng': 98}
删除deng后的拼音字典为：{'ang': 5, 'bao': 15, 'cong': 75}
```

程序中，通过 del dic['deng'] 把 'deng' 从拼音字典中删除了。

 我考你们一个问题，学过的哪种循环语句可以遍历对象？

 for 语句。

 真棒，现在要用 for 语句遍历字典，你会吗？

 我试试。

11.6 遍历字典元素

小溪迅速写下了如下的代码：

```
dic = {}
dic['ang'] = 5
dic['bao'] = 15
dic['cong'] = 75
dic['deng'] = 94
print(" 循环遍历拼音字典中的元素：")
for item in dic:
    print(item)
```

运行程序，结果如下：

```
循环遍历拼音字典中的元素：
ang
bao
cong
deng
```

打印出来的只有 key，要怎么遍历 key 和 value 呢？

 可以用 items() 函数获取字典中的 key 和 value，然后用 for 语句遍历。再试试。

小溪按照拍博士的指导，写下了下面的代码。

代码
```
dic = {}
dic['ang'] = 5
dic['bao'] = 15
dic['cong'] = 75
dic['deng'] = 94
print(" 循环遍历拼音字典中的元素：")
for item in dic.items():
    print(item)
```

运行程序，结果如下：

```
循环遍历拼音字典中的元素：
('ang', 5)
('bao', 15)
('cong', 75)
('deng', 94)
```

这次把字典中的 key 和 value 都遍历出来了。

这都归功于 items() 函数。

dic.items() 函数：能获取到字典中的键值对组成的列表。

所以我们能通过 for 循环将其遍历出来了。

Python 还提供了 keys() 方法。

keys() 方法：能获取到字典中所有的 key，也就是所有的键。

代码
```
dic = {}
dic['ang'] = 5
dic['bao'] = 15
dic['cong'] = 75
dic['deng'] = 94
print(" 字典中所有的 key：")
for key in dic.keys():
    print(key)
```

运行程序，结果为：

> 字典中所有的key：
> ang
> bao
> cong
> deng

程序中，通过 dic.keys() 获取到字典中所有的 key 的列表，然后通过 for 循环将其遍历出来。

Python 还提供了 values() 方法。

values() 方法：能获取字典中所有的 value，也就是所有的值。

```
代码    dic = {}
        dic['ang'] = 5
        dic['bao'] = 15
        dic['cong'] = 75
        dic['deng'] = 94
        print(" 字典中所有的 value：")
        for value in dic.values():
            print(value)
```

运行程序，结果如下：

> 字典中所有的value：
> 5
> 15
> 75
> 94

果然所有的 value 都打印出来了。

字典的相关操作还有很多，保持学习，你能得到更多能量。

11.7　字典小挑战

小溪和小 p 今天使用 Python 创建了一本拼音字典，小朋友们，你们创建好了自己的拼音字典吗？

一起来参与 Python 星球的字典小挑战吧！

我的小勇士，我相信你是最棒的！

请完成下面的考验。

1．创建一个字典，名字为 contacts，存放你同学的名字和对应的电话号码。

花花： 18870882266

小丽： 15969653245

博文： 13154327788

米妮： 13298789900

2．班里来了一个新同学，往字典：contacts 中增加新同学的名字和对应电话号码

sunny：13546689119。

3．我要邀请米妮一起去看电影，需要在字典：contacts 中查找到这个同学的电话号码。

4．花花同学换号码了，将号码换成了： 18955883266，将字典：contacts 中的电话号码

进行修改。

5．用 for 循环语句将字典：contacts 中所有的 key 和 value 都遍历并且打印出来。

完成考验，请核对：

1．

```
contacts = {}
contacts[' 花花 '] = '18870882266'
contacts[' 小丽 '] = '15969653245'
contacts[' 博文 '] = '13154327788'
contacts[' 米妮 '] = '13298789900'
print(" 同学通讯录：%s" % str(contacts))
```

运行程序，结果如下：

```
同学通讯录：{'花花': '18870882266', '小丽': '15969653245', '博文': '13154327788', '米妮': '13298789
900'}
```

2.

```
contacts = {'花花': '18870882266',
            '小丽': '15969653245',
            '博文': '13154327788',
            '米妮': '13298789900'}
print("班上来一个新同学，将她的联系方式加上。")
contacts['sunny'] = '13546689119'
print("同学通讯录：%s" % str(contacts))
```

运行程序，结果如下：

班上来一个新同学，将她的联系方式加上。
同学通讯录：{'花花': '18870882266', '小丽': '15969653245', '博文': '13154327788', '米妮': '13298789900', 'sunny': '13546689119'}

3.

```
contacts = {'花花': '18870882266',
            '小丽': '15969653245',
            '博文': '13154327788',
            '米妮': '13298789900',
            'sunny': '13546689119'}
print("米妮的电话号码是：%s" % contacts.get('米妮'))
```

运行程序，结果如下：

米妮的电话号码是：13298789900

4.

```
contacts = {'花花': '18870882266',
            '小丽': '15969653245',
            '博文': '13154327788',
            '米妮': '13298789900',
            'sunny': '13546689119'}
print("花花同学换号码了，修改我的通讯录。")
contacts['花花'] = '18955883266'
print("修改后的同学通讯录：%s" % str(contacts))
```

运行程序，结果如下：

花花同学换号码了，修改我的通讯录。
修改后的同学通讯录：{'花花': '18955883266', '小丽': '15969653245', '博文': '13154327788', '米妮': '13298789900', 'sunny': '13546689119'}

5.

```
contacts = {'花花':'18955883266',
            '小丽':'15969653245',
            '博文':'13154327788',
            '米妮':'13298789900',
            'sunny':'13546689119'}
for item in contacts.items():
    print(item)
```

运行程序，结果如下：

```
('花花', '18955883266')
('小丽', '15969653245')
('博文', '13154327788')
('米妮', '13298789900')
('sunny', '13546689119')
```

## 第 12 章

运算符家族大聚会

12.1 认识字典

翻开拍博士秘籍

Python 是一种编程语言，但是它也有自己的运算符，可以进行各种各样的计算。如果想要使用 Python 进行各种各样的计算，那么就要先学习运算符。

在 Python 中，运算符有很多不同的种类，不同的种类作用也不同。

首先登场的是比较运算符，你会觉得它似曾相识，因为在数学的学习中会遇到，例如 >、<，接下来的学习中你可以对比 Python 中的运算符和数学中的运算符有什么不同。接下来是赋值运算符，从名字来看应该是用来给变量赋值的。还有逻辑运算符，这个就比较陌生了。还有更加陌生的是，成员运算符和身份运算符。没有关系，接下来就一起来认识运算符大家族的各位吧！

 今天好热闹，要认识好多运算符。

是的，都要分不清谁是谁了。

等你认识了它们，就能分清谁是谁了。一起来吧！

12.2 比较运算符家族

（大家好，我们是 Python 中的比较运算符家族，我们的超能力是比较 Python 中两个对象的大小。）

接下来介绍家族中的成员，它们都各自有不同的能力。

>：比较 a 是否大于 b，当 a>b 时，返回 True。

>=：比较 a 是否大于等于 b，当 a>=b 时，返回 True。

<：比较 a 是否小于 b，当 a<b 时，返回 True。

<=：比较 a 是否小于等于 b，当 a<=b 时，返回 True。

==：比较 a 是否等于 b，当 a==b 时，返回 True。

!=：比较 a 是否不等于 b，当 a!=b 时，返回 True。

我们家族经常玩的游戏是比大小：

```
num = int(input("请输入大于 10 且小于 15 的数："))
if num > 10:
    if num < 15:
        print("恭喜你答对了。")
```

运行程序，结果如下：

请输入大于10且小于15的数：

如果输入 12：

请输入大于10且小于15的数：12
恭喜你答对了。

程序的执行顺序如下：

1. num = int(input("请输入大于 10 且小于 15 的数："))

获取输入的值并且转换为 int 类型：num =12。

2. if num > 10:

因为 num = 12，所以条件判断【num > 10】= True，执行【：】后面的代码块。

3. if num < 15:

因为 num = 12，所以条件判断【num < 15】= True，执行【：】后面的代码块。

4. print(" 恭喜你答对了。")

打印出 " 恭喜你答对了。"

如果输入 9：

请输入大于10且小于15的数：9

程序的执行顺序如下：

1. num = int(input(" 请输入大于 10 且小于 15 的数 :"))

获取输入的值并且转换为 int 类型：num =9。

2. if num > 10:

因为 num = 9，所以条件判断【num > 10】= False，不执行【：】后的代码块，程序结束。

比较运算符不仅可以比较数字对象，也可以比较字符串对象。

> 我懂了，我来写一个程序。

```
print(" 你记得我的名字吗？ ")
name = input(" 记得的话，写下我的名字： ")
if name == " 小溪 ":
    print(" 开心，你记住了我的名字。")
if name != " 小溪 ":
    print(" 不开心，你没有记住我的名字。")
```

运行程序，结果如下：

你记得我的名字吗?
记得的话，写下我的名字：

假设输入小溪：

你记得我的名字吗?
记得的话，写下我的名字：小溪
开心，你记住了我的名字。

程序运行的顺序如下：

1.　print(" 你记得我的名字吗？ ")

打印出："你记得我的名字吗？ "

2.　name = input(" 记得的话，写下我的名字：")

获取到输入的值：name = " 小溪 "。

3.　if name == " 小溪 "：

name = " 小溪 "，所以条件判断【name == " 小溪 "】=True，执行【：】后面的代码块。

4.　print(" 开心，你记住了我的名字。")

打印出 " 开心，你记住了我的名字。"

假设输入的不是小溪：

> 你记得我的名字吗?
> 记得的话，写下我的名字：小微
> 不开心，你没有记住我的名字。

程序运行的顺序如下：

1.　print(" 你记得我的名字吗？ ")

打印出：" 你记得我的名字吗？ "

2.　name = input(" 记得的话，写下我的名字 :")

获取输入的值：name = " 小微 "。

3.　if name == " 小溪 "：

name = " 小微 "，所以条件判断【name == " 小溪 "】=False，不执行【：】后面的代码块。

4.　if name != " 小溪 "：

name = " 小微 "，所以条件判断【name != " 小溪 "】=True，执行【：】后面的代码块。

5.　print(" 不开心，你没有记住我的名字。")

打印出 " 不开心，你没有记住我的名字。"

12.3　赋值运算符家族

大家好，我们是 Python 中的赋值运算符家族，我们的超能力是给变量赋值。

接下来介绍家族中的成员，它们都各自有不同的能力：

+=：加法赋值运算符，a +=2 相当于 a = a+2。

-=: 减法赋值运算符，a -= 2 相当于 a = a-2。

*=：乘法赋值运算符，a *= 2 相当于 a = a * 2。

/=：除法赋值运算符，a /= 2 相当于 a = a/2。

%=：取模赋值运算符，a %= 2 相当于 a = a%2。

=：幂等赋值运算符，a **= 2 相当于 a = a2。

//=：取整除赋值运算符，a //= 2 相当于 a = a//2。

为了认识赋值运算家族，一起来玩一个游戏叫作：疯狂计算。

代码
```
a = 10
b = 5
a += b
a //= b
a *= 2
a -= b
print("a = %d" % a)
```

经过一系列的计算之后，你知道 a 的值是多少吗？

运行程序，结果如下：

$$a = 1$$

你的答案对了吗？一起来看看是怎么计算的。

1. a = 10，b = 5

2. a += b

这句程序使用了赋值运算符 += ，即 a = a+ b ➜ a = 10 + 5 = 15

3. a //= b

此时 a =15，b=5

这句程序使用了赋值运算符 //=，即 a = a // b ➜ a = 15 // 5 = 3

4. a *= 2

此时 a = 3，b = 5

这句程序使用了赋值运算符 *= ，即 a = a * 2 ➜ a = 3 * 2 = 6

5. a -= b

此时 a = 6，b = 5

这句程序使用了赋值运算符 -= ，即 a = a - b ➜ a = 6 - 5 = 1

所以最终 a =1

比较运算符和赋值运算符经常在一起玩游戏。今天来玩一个高难度的：找出两个数的最小公倍数。

最小公倍数——两个或者多个整数的公有的倍数叫做公倍数，除 0 以外最小的一个公有的倍数就叫做最小公倍数。

在做游戏之前，先一起分析一下：

要怎么找两个整数的最小公倍数？

1. 如果两个整数本来就是倍数的关系，那这两个整数的最小公倍数就是两个中较大的那个；例如，3 和 6 的最小公倍数是 6。

2. 如果两个整数不是倍数的关系，那我们就要从比较大的那个数开始，一个一个地找，找到第一个能整除两个整数的那个整数就是最小公倍数。

例如，4 和 5 的最小公倍数是 20。

所以首先都要找出两个整数中比较大的那个数，然后看能否整除两个整数，如果能，那就是属于第一种情况，比较大的那个数就是它们的最小公倍数；如果不能，则继续找。

分析好了，我们就开始用 Python 表示出来了。

代码

```python
print(" 游戏：找出两个数的最小公倍数。")
num1 = int(input(" 请输入第 1 个数字："))
num2 = int(input(" 请输入第 2 个数字："))

if num1 > num2:
    temp = num1
else:
    temp = num2

while True:
    if temp % num1 == 0 and temp % num2 == 0:
        break
    temp += 1

print("%d 和 %d 的最小公倍数是 %d。" % (num1,num2,temp))
```

运行程序：

输入 num1 = 3，num2 = 6，它们的最小公倍数是多少呢？

```
游戏：找出两个数的最小公倍数。
请输入第1个数字：3
请输入第2个数字：6
3和6的最小公倍数是6。
```

通过输入 3 和 6，程序运行的结果得出：3 和 6 的最小公倍数是 6。

一起来看看程序吧！

1. print(" 游戏：找出两个数的最小公倍数。")

打印出：" 游戏：找出两个数的最小公倍数。"

2.

num1 = int(input(" 请输入第 1 个数字："))

num2 = int(input(" 请输入第 2 个数字："))

接收两个要进行计算的整数，num1 = 3，num2 = 6。

3.

if num1 > num2:

    temp = num1

else:

    temp = num2

此时 num1 = 3，num2 = 6，首先执行【if num1 > num2：】，条件判断【num1 > num2】为 False，不执行【：】后面的语句，执行 else 的【：】后面的语句：temp = num2，temp = 6。

4.

while True:

    if temp % num1 == 0 and temp % num2 == 0:

        break

    temp += 1

这是一个 while 循环语句，循环条件是 True，所以循环条件一直是满足的，执行后面的语句块：

if temp % num1 == 0 and temp % num2 == 0:

    break

    temp += 1

and 是逻辑运算符，称为与，含义是：x and y，当 x=True，y=True 时，x and y = True。接下来就会学习到，这里先用用。

此时 num1 = 3，num2 = 6，temp = 6。

首先执行【if temp % num1 == 0 and temp % num2 == 0：】，条件判断【temp % num1 == 0 and temp % num2 == 0】为 True，所以通过 break 跳出循环。

5.　print("%d 和 %d 的最小公倍数是 %d。" % (num1,num2,temp))

打印出：3 和 6 的最小公倍数是 6。

输入 num1 = 5，num2 = 4，它们的最小公倍数是多少呢？

游戏：找出两个数的最小公倍数。
请输入第1个数字：5
请输入第2个数字：4
5和4的最小公倍数是20。

再一起来看看程序是怎么执行的。

1.　print(" 游戏：找出两个数的最小公倍数。")

打印出："游戏：找出两个数的最小公倍数。"

2.

num1 = int(input(" 请输入第 1 个数字："))

num2 = int(input(" 请输入第 2 个数字："))

接收两个要进行计算的整数，num1 = 5，num2 = 4。

3.　找出两个数中比较大的那个。

if num1 > num2:

　　temp = num1

else:

　　temp = num2

此时 num1 = 5，num2 = 4，首先执行【if num1 > num2:】，条件判断【num1 > num2】为 True，执行【：】后面的语句：temp = num1，temp = 5。

4.

while True:

　　if temp % num1 == 0 and temp % num2 == 0:

　　　break

　　temp += 1

这是一个 while 循环语句，循环条件是 True，所以循环条件一直是满足的，执行后面的语句块：

if temp % num1 == 0 and temp % num2 == 0:

　　break

　　temp += 1

此时 num1 = 5，num2 = 4，temp = 5。

首先执行【if temp % num1 == 0 and temp % num2 == 0:】，条件判断【temp % num1 == 0 and temp % num2 == 0】为 False，不执行【：】后面的语句。

执行【temp += 1】，使用了赋值运算符 +=，即 temp = temp +1 ➜ 对 temp 加 1，temp = 6，然后继续循环。

此时 num1 = 5，num2 = 4，temp = 6。

执行【if temp % num1 == 0 and temp % num2 == 0:】，条件判断【temp % num1 == 0 and temp % num2 == 0】为 False，不执行【：】后面的语句。

执行【temp += 1】，使用了赋值运算符 +=，即 temp = temp +1 ➜ 对 temp 加 1，temp = 7，然后继续循环。

此时 num1 = 5，num2 = 4，temp = 7。

执行【if temp % num1 == 0 and temp % num2 == 0:】，条件判断【temp % num1 == 0 and temp % num2 == 0】为 False，不执行【：】后面的语句。

执行【temp += 1】，使用了赋值运算符 +=，即 temp = temp +1 ➜ 对 temp 加 1，temp = 8，然后继续循环。

……

此时 num1 = 5，num2 = 4，temp = 19。

执行【if temp % num1 == 0 and temp % num2 == 0:】，条件判断【temp % num1 == 0 and temp % num2 == 0】为 False，不执行【：】后面的语句。

执行【temp += 1】，使用了赋值运算符 +=，即 temp = temp +1 ➜ 对 temp 加 1，temp = 20，然后继续循环。

此时 num1 = 5，num2 = 4，temp = 20。

执行【if temp % num1 == 0 and temp % num2 == 0:】，条件判断【temp % num1 == 0 and temp % num2 == 0】为 True，执行【：】后面的语句，通过 break 跳出循环。

5. print("%d 和 %d 的最小公倍数是 %d。" % (num1,num2,temp))

打印出：5 和 4 的最小公倍数是 20。

比较运算符和赋值运算符一起玩的游戏很烧脑啊。

12.4　逻辑运算符家族

（大家好，我们是 Python 中的逻辑运算符家族）

接下来介绍家族中的成员，它们都各自有不同的能力。

逻辑运算符主要有：and 、or 、not。

and：称为与，x and y，当 x=True，y=True 时，x and y = True。

or：称为或，x or y，x、y 中有一个为 True，则 x or y = True。

not：称为非，如果 x 为 True，则 not x 为 False；如果 x 为 False，则 not x 为 True

可以使用逻辑运算符 and 改造比大小的游戏。

```
num = int(input(" 请输入大于 10 且小于 15 的数："))
if num > 10 and num < 15:
    print(" 恭喜你答对了。")
```

运行程序，结果如下：

请输入大于10且小于15的数：12
恭喜你答对了。

一起来看看程序。

1．num = int(input(" 请输入大于 10 且小于 15 的数 :"))

接收输入的值并且转换为 int 类型：num =12。

2．if num > 10 and num < 15:

这句程序中使用了 and 逻辑运算符，当两个条件判断 num > 10 和 num < 15 都为 True，条件判断：num > 10 and num < 15 为 True。

因为 num = 12，num > 10 和 num < 15 都为 True，所以条件判断为 True，执行【:】后面的代码块。

3．print(" 恭喜你答对了。")

打印 " 恭喜你答对了。"

> 我来总结逻辑运算符：
> and 需要两边的条件都成立，结果才是 True，否则就是 False。
> or 只需两边中有一边条件成立，结果就是 True。
> not 则需要条件不成立，结果才是 True。

善于总结是个好习惯。

12.5　成员运算符家族

（大家好，我们是 Python 中的成员运算符家族）

接下来介绍家族中的成员，它们都各自有不同的能力。

in：在指定的序列中能找到某个值，如果能，返回 True；反之，返回 False。

not in：在指定的序列中不能找到某个值，如果不能，返回 True；反之，返回 False。

这个序列可以是列表、元组、字符串。

来玩一个成员运算符最在行的游戏。

判断 2 是否在列表 [12，6，65，27，48，33，88] 中。

```
a = 2
list = [12,6,65,27,48,33,88]
if a in list:
    print("2 在序列中。")
elif a not in list:
    print("2 不在序列中。")
```

运行程序，结果如下：

2不在序列中。

一起来看看程序：

1.

if a in list:

　　print("2 在序列中。")

elif a not in list:

　　print("2 不在序列中。")

这是一个 if 条件判断语句，此时 a = 2，list = [12,6,65,27,48,33,88]。

if a in list:

这句程序中，使用了成员运算符 in，判断 2 是否在 [12，6，65，27，48，33，88] 中，因为 2 不在 [12，6，65，27，48，33，88] 中，所以 if 语句的条件判断 a in list = False，执行 elif a not in list:。

2．elif a not in list:

这句程序中，使用了成员运算符 not in，判断 2 是否不在 [12，6，65，27，48，33，88] 中，因为 2 不在 [12，6，65，27，48，33，88] 中，所以条件判断 a not in list = True，所以执行 : 后面的语句块。

3．print("2 不在序列中。")

打印出 "2 不在序列中。"。

当然在这里可以直接使用 else 语句。

12.6　身份运算符家族

大家好，我们是 Python 中的身份运算符家族，我们的超能力是比较两个对象的存储单元是否相同。

怎么能知道对象的存储单元？

id() 函数能提供帮助来获取对象的存储单元。

接下来介绍家族中的成员，它们都各自有不同的能力。

is：两个对象的存储单元一样，x is y 即 id(x) == id(y)。

is not: 两个对象的存储单元不一样。x is not y 即 id(x) != id(y)。

需要注意的是：is 和 == 的区别。

== ：对比的是两个对象的内容是否相同。

is ：对比的是两个对象的存储单元是否相同。

代码

```
num1 = 600
num2 = 601
num3 = num1 +1
print("num2 和 num3 的内容是否相同：%s" % (num3==num2))
print("num2 和 num3 的存储单元是否相同：%s" % (num3 is num2))
```

运行程序，结果如下：

num2和num3的内容是否相同：True
num2和num3的存储单元是否相同：False

一起来看看程序：

num1 = 600

num2 = 601

num3=601

num3 和 num2 的内容都是 601，所以 num3 == num2 是为 True。

但是 num3 is num2 是为 False 的，这是为什么呢？

一起来看看 num3 和 num2 的存储单元分别是什么？

```
代码
num1 = 600
num2 = 601
num3 = num1 +1
print("num2 的存储单元是：%d" % id(num2))
print("num3 的存储单元是：%d" % id(num3))
```

运行程序，结果如下：

num2的存储单元是：4501384816
num3的存储单元是：4501382864

通过程序结果看出，num2 和 num3 的存储单元是不一样的，所以 num3 is num2 是为 False。

601 相等表示它们的内容，但是它们一开始创建存储的位置是不同的哟。

12.7　运算符家族小挑战

小溪和小 p 今天认识了运算符各大家族，小朋友们，你们认识了吗？

一起来参与 Python 星球的运算符家族小挑战吧！

我的小勇士，我相信你是最棒的！

请完成下面的考验。

1. 使用比较运算符找出列表 [2，33，43，56，89，12，23] 中小于 20 的数。

2. 使用赋值运算符计算 20 以内（不包括 20）的所有奇数的和。

3. 使用逻辑运算符写一个程序来表示以下语句：

当数学 >98 分或者语文 >90 分，打印出：开心，我能得到妈妈奖励的礼物。

否则，打印出：不开心，这次得不到妈妈奖励的礼物，下次我会更努力的。

4. 使用成员运算符判断拼音 ang 是否在字典：{'ang' : 5, 'bao' : 15, 'cong' : 75, 'deng' : 94}

中，如果在，将拼音 ang 所在页码输出。

否则，打印出：ang 不在字典中。

完成考验，请核对：

1.

```
list = [2,33,43,56,89,12,23]
print(" 列表 [2,33,43,56,89,12,23] 中小于 20 的数 :")
for item in list:
    if item < 20:
        print (item)
```

运行程序，结果如下：

```
列表[2,33,43,56,89,12,23]中小于20的数:
2
12
```

2.

```
sum = 0
num = 0
while num < 20:
    if num % 2 == 1:
        sum += num
```

```
        num += 1
    print("20 以内所有的奇数的和为 %d。" % sum)
```

运行程序，结果如下：

20以内所有的奇数的和为100。

3.

```
score1 = int(input(" 请输入你的语文分数："))
score2 = int(input(" 请输入你的数学分数："))
if score1 > 90 and score2 > 98:
    print(" 开心，我能得到妈妈奖励的礼物。")
else:
    print(" 不开心，这次得不到妈妈奖励的礼物，下次我会更努力的。")
```

运行程序：

当语文成绩为 92，数学成绩为 99，程序结果如下。

请输入你的语文分数：92
请输入你的数学分数：99
开心，我能得到妈妈奖励的礼物。

当语文成绩为 89，数学成绩为 97，程序结果如下。

请输入你的语文分数：89
请输入你的数学分数：97
不开心，这次得不到妈妈奖励的礼物，下次我会更努力的。

4.

```
dic = {'ang': 5,'bao': 15,'cong': 75,'deng': 94}
if 'ang' in dic:
    print('ang 的页码是：%d。' % dic.get('ang'))
else:
    print('ang 不在字典中。')
```

运行程序，结果如下：

ang的页码是：5。

## 第 13 章

列表的小伙伴——元组

13.1　认识元组

翻开拍博士秘籍

Python 是一种编程语言，但是它也有自己的记忆中枢，可以存储数据。Python 凭借记忆中枢可以存储很多种类型的数据。其中有一种类型叫作元组（tuple）。

什么是元组呢？

它是由多个元素用圆括号 () 括起来组成。元素之间用 , 分隔。元组和列表很像，它们都是 Python 的序列数据类型，但是它们是有区别的，在于列表是可变的，但是元组是不可变的，所以当你需要创建不可变序列时，元组就能派上用场了。

例如：('春天', '夏天', '秋天'，'冬天') 这是一个季节元组。

'春天', '夏天', '秋天'，'冬天' 叫作元组的元素。

元组中的每一个元素都分配了一个数字，代表元素在元组中的位置，叫作位置或者索引。例如：

'春天'——索引 0

'夏天'——索引 1

'秋天'——索引 2

'冬天'——索引 3

在前面已经学习过列表的索引，所以你对索引应该很熟悉了。

在前面的简介中说，元组是不可变的，那么我能修改索引 2 为 '秋季' 吗？

你猜猜？

我觉得不可以。

 一起来认识元组，看看你答的对不对吧。

13.2　创建元组

首先来学习创建元组。

1. 创建空元组：

empty = ()

这就创建好了一个空元组。

2. 创建含有一个元素的元组。

 你肯定认为创建一个元素的元组就是：
season = (' 春天 ') 或者 nums = (1) 对不对？

 是的，难道不是吗？

 我们来试试就知道是不是了。

 season = (' 春天 ')
print("season 的类型是：%s" % type(season))

nums = (1)
print("nums 的类型是：%s" % type(nums))

运行程序，结果如下：

season的类型是: <class 'str'>
nums的类型是: <class 'int'>

 这个程序结果是什么意思，看不懂。

慢慢来解释。

先介绍 type(object) 函数，通过 type(object) 函数可以获得 object 的类型。

在程序中，我们想要通过 season = (' 春天 ') 和 nums = (1) 创建含有一个元素的元组。

通过 type(season) 查看 season 的类型，显示是 str（也就是字符串）。通过 type(nums) 查看 nums 的类型，显示是 int（也就是数字类型）。

程序结果说明：

通过 season = (' 春天 ') 或者 nums = (1) 并不能创建含有一个元素的元组。

怎样创建含有一个元素的元组呢？

在元素后面加一个逗号试试：

```
season = (' 春天 ',)
print("season 的类型是：%s" % type(season))

nums = (1,)
print("nums 的类型是：%s" % type(nums))
```

运行程序，结果如下：

```
season的类型是: <class 'tuple'>
nums的类型是: <class 'tuple'>
```

程序中，通过 season = (' 春天 ',) 和 nums = (1,) 创建了包含一个元素的元组。

通过 type(season) 获取 season 的类型是 tuple（也就是元组）。

通过 type(nums) 获取 nums 的类型是 tuple（也就是元组）。

创建好了含有 1 个元素的元组，接下来创建含有多个元素的元组。

3. 创建含有多个元素的元组。

```
season = (' 春天 ',' 夏天 ',' 秋天 ',' 冬天 ')
print("season 的类型是 %s" % type(season))
```

运行程序，结果如下：

```
season的类型是<class 'tuple'>
```

这就创建了含有多个元素的元组，还有另一种方式：

```
season = '春天','夏天','秋天','冬天'
print("season 的类型是：%s" % type(season))
```

运行程序，结果如下：

season的类型是：<class 'tuple'>

没有括号，居然也创建了含有多个元素的元组，看来元组关键的不是圆括号 ()。

我感觉元组比较关键的是逗号。

13.3 向元组里添加元素

创建好了元组，能往里面添加元素吗？

元组是不可变的，Python 没有提供方法向元组里添加元素。

只能通过 + 号对元组进行拼接。一起来试试。

```
season = ('春天','夏天','秋天','冬天')
nums = (1,2,3,4,5,6,7,8,9,10,11,12)
newTuple = season + nums
print("新的元组为：%s" % str(newTuple))
```

运行程序，结果如下：

新的元组为：('春天', '夏天', '秋天', '冬天', 1, 2, 3, 4, 5, 6, 7, 8, 9, 10, 11, 12)

居然拼接成功了，可是元组是不可变的，程序怎样才能向元组里添加元素呢？

其实并没有修改原来的元组，而是新生成了一个元组，一起来看看它们的内存地址就清楚了。

```
season = ('春天','夏天','秋天','冬天')
nums = (1,2,3,4,5,6,7,8,9,10,11,12)
newTuple = season + nums
print("season 的内存地址：%d" % id(season))
print("nums 的内存地址：%d" % id(nums))
print("newTuple 的内存地址：%d" % id(newTuple))
```

运行程序，结果如下：

```
season的内存地址：4337893032
nums的内存地址：4337848536
newTuple的内存地址：4337897544
```

程序通过 id(object) 函数分别查看了三个元组：season、nums、newTuple 的内存地址，程序结果显示：三个元组的内存地址都是不相同的，所以 + 是新生成了一个元组，并没有修改原来的元组。

13.4　查看元组的元素

 我想看看元组的元素，可以吗？

 虽然元组是不可变的，但是要查看元组的元素还是可以的。

可以使用 for 循环遍历元组的元素。

```
season = ('春天','夏天','秋天','冬天')
print("一年有 4 个季节：")
for item in season:
    print(item)
```

运行程序，结果如下：

```
一年有4个季节：
春天
夏天
秋天
冬天
```

for 循环语句好厉害。我想查看元组中索引为 3 的元素，可以做到吗？

当然可以。

```
season = ('春天','夏天','秋天','冬天')
print("索引 3 的元素是：%s" % season[3]) print(list)
```

运行程序，结果如下：

索引3的元素是：冬天

程序中，通过 season[3] 获取元组中索引为 3 的元素。需要注意的是，索引值不能超出元组中的最大索引，不然程序会报错的。元组 season 的最大索引是 3，如果我通过 season[4] 获取索引 4 的元组，看看会报什么错误呢？

```
season = ('春天','夏天','秋天','冬天')
print("索引 4 的元素是：%s" % season[4])
```

运行程序，结果如下：

IndexError: tuple index out of range

程序想要通过 season[4] 获取元组中索引为 4 的元素，但是索引为 4 的元素是不存在的，程序结果给出提示：超出了元组的索引范围。

我想查看索引 1 到索引 3 的元素可以吗？

可以的，你来试试。

season = ('春天','夏天','秋天','冬天')
print(" 索引 1 到索引 3 的元素是：%s" % str(season[1:4]))

运行程序，结果如下：

索引1到索引3的元素是：('夏天', '秋天', '冬天')

程序通过 season[1:4] 获取索引 1 到索引 3 的元素，并且通过 str() 函数将其转换为字符串进行打印输出。

注意：通过 season[1:4] 获取的是索引 1 到索引 3 的元素哦。

13.5　修改元组的元素

 元组是不可变的，那么元组的元素应该是不能进行修改的，是吗？

 你说对了，一起来看看修改元组的元素会发生什么？

 season = ('春天','夏天','秋天','冬天')
season[2] = '春季'
print(season)

运行程序，结果如下：

TypeError: 'tuple' object does not support item assignment

程序通过 season[2] = '春季' 想要修改元组中索引为 2 的元素内容为 '春季'，但是程序给出了错误提示是：元组对象不支持对元素进行这个操作。

这是为什么呢？因为元组是不可变的，所以不能修改元组的元素。

13.6　删除元组元素

 可以对元组的元素进行删除操作吗？

 因为元组是不可变的，所以不能对元组的元素进行删除操作，但是可以使用 del 语句删除整个元组。

```
season = ('春天','夏天','秋天','冬天')
del season
print(season)
```

运行程序，结果如下：

NameError: name 'season' is not defined

程序报错了，这是为什么？

程序中，通过 del season 删除了整个元组，然后通过 print(season) 想要打印输出 season 元组，但是程序报错了，提示 season 没有定义，这是为什么呢？因为 season 整个元组被删除了，所以当要打印元组时就找不到了。

13.7　元组小挑战

小溪和小 p 今天学习了元组，小朋友们，你们学会了吗？

一起来参与 Python 星球的元组小挑战吧！

我的小勇士，我相信你是最棒的！

请完成下面的考验。

1. 创建一个元组 nums，元素包含 1,one,2,two,3,three,4,four,5,five。

2. 遍历输出元组 nums。

3. 输出元组 nums 中索引 4 的元素的值。

4. 输出元组 nums 中索引 3 到索引 6 的元素的值。

完成考验，请核对：

1.

```
nums = (1,'one',2,'two',3,'three',4,'four',5,'five')
print(" 元组 nums：%s" % str(nums))
```

运行程序，结果如下：

元组nums：(1, 'one', 2, 'two', 3, 'three', 4, 'four', 5, 'five')

2.

```
nums = (1,'one',2,'two',3,'three',4,'four',5,'five')
print("nums 元组：")
for item in nums:
    print (item)
```

运行程序，结果如下：

```
nums元组：
1
one
2
two
3
three
4
four
5
five
```

3.

```
nums = (1,'one',2,'two',3,'three',4,'four',5,'five')
print("nums 中索引为 4 的元素是：%s" % nums[4])
```

少儿编程——趣味学 Python

运行程序，结果如下：

nums中索引为4的元素是：3

4.

```
nums = (1,'one',2,'two',3,'three',4,'four',5,'five')
print("nums 中索引 3 到索引 6 的元素是：%s" % str(nums[3:7]))
```

运行程序，结果如下：

nums中索引3到索引6的元素是：('two', 3, 'three', 4)

## 第 14 章

强大的函数

翻开拍博士秘籍

函数是什么呢?

函数是能够实现特定功能的代码的组合,可以重复使用,只需调用其函数名即可。

你可以创建函数,实现特定的功能。

你可以调用函数,直接使用函数的功能,不用自己再写代码实现。

例如:用 Python 实现计算长方形的面积。这个程序我猜你马上可以写出来。因为你知道长方形的面积计算公式是长 × 宽。

代码
```python
# 计算长方形的面积
num1 = int(input(" 请输入长方形的长:"))
num2 = int(input(" 请输入长方形的宽:"))
print(" 长方形的面积是 %d" % (num1 * num2))
```

但是你每次要计算长方形的面积时,都要写这几行代码,那就会觉得很烦琐。

这时,Python 会说:把这个功能封装成一个函数。这样你就不用重复写这段代码了。这就是强大的函数。一起来学习定义函数和使用函数吧!

官方定义如下。

定义函数的语法是：

def 函数名 (参数):

函数体

def 关键字定义一个函数，def 关键字后面跟着函数名称和参数，真正的函数体在下一行，而且必须有缩进。

 官方定义好难懂。

 一起来定义一个函数就不难了。

先来一个最简单的，定义一个函数，函数的功能是：say Hello，函数的名称最好能体现函数功能，那就叫 sayHello。

为了以后别人能看懂你的函数，在函数前面加上注释，介绍函数的功能。如果函数体的逻辑比较复杂，在函数体中也可以加上注释。

代码

```
'''
作者：拍博士
函数功能：打印 Hello
'''
def sayHello():
    # 打印出 "Hello"
    print("Hello")
```

 这就定义好了一个函数，函数名称叫：sayHello，函数功能是打印 Hello。还是挺简单的呢。

但是我要怎么用这个函数呢？

 这个问题问得好，因为函数不能直接被运行，函数要发挥作用需要被调用。接下来一起学习怎样调用函数。

14.3　调用函数

 在前面的章节中，我们其实已经调用过函数，你有印象吗？

 我想想，sayHello() 函数中的 print("Hello")，对吗？

 对的，print() 函数是 Python 的内置函数。在 sayHello() 函数中调用了 print() 函数，而且还传了一个参数 "Hello"。

 我们定义的函数 sayHello() 中没有要求传参数，那调用时是不是不用传参数？

 是的。一起来调用 sayHello() 函数吧！

```
"""
作者：拍博士
函数功能：say Hello
"""
def sayHello():
    # 调用 print() 函数打印出 "Hello"
    print("Hello")

# 调用 sayHello() 函数
sayHello()
```

运行程序，结果如下：

```
Hello
```

通过 sayHello() 成功调用了定义好的 sayHello() 函数。

没有参数的函数的定义和调用都学会了，接下来更上一层楼，学习有参数的函数的定义和调用。

14.4 函数的参数

定义函数的语法如下：

> def 函数名 (参数)：
>
>   函数体

定义函数时，可以指定参数。

接下来定义有 1 个参数的函数。

1 个参数的函数

> 定义有 1 个参数的函数实现什么功能呢？你说了算。

> 有一个数学公式是用来计算正方形的周长的。

正方形的周长 = 4 × 正方形边长

我想定义 1 个函数计算正方形的周长。可以吗？

> 当然。可以把正方形的边长作为函数的入参，你来写这个函数好吗？

> 好的。刚刚学会函数，正想试试呢。

代码

```
'''
作者：小溪
函数功能：计算正方形周长
函数入参：正方形的边长，类型是数字
'''
def calc(length):
    print("正方形的周长是 %d。" % (4*length))

length = int(input("请输入正方形的边长："))
# 调用 calc() 函数
calc(length)
```

运行程序，结果如下：

请输入正方形的边长：**6**
正方形的周长是24。

程序中，定义了 calc() 函数，它是有一个参数的函数，参数是 length，类型是数字，功能是计算正方形的周长。

如果想要计算正方形的周长，调用 calc() 函数，并且输入正方形的边长就能知道答案了。

参数也有类型，调用时，传递的参数必须是同类型的，不然程序会报错。

2 个参数的函数

小溟很棒，接下来你尝试定义两个参数的函数，函数的功能是计算长方形的面积。

好的，刚刚不会的，我现在会了，这种感觉真好。

```
"""
作者：小溪
函数功能：计算长方形的面积
函数入参：长方形的长和宽，类型是数字
"""
def calcArea(length,width):
    print(" 长方形的面积为 %d。" % (length * width))

length = int(input(" 请输入长方形的长："))
width = int(input(" 请输入长方形的宽："))
# 调用 calcArea() 函数
calcArea(length,width)
```

运行程序，结果如下：

请输入长方形的长：**8**
请输入长方形的宽：**6**
长方形的面积为48。

程序中，定义了 calcArea() 函数，它是两个参数的函数，参数是 length、width，类型是数字，功能是计算长方形的面积。

如果想要计算长方形的面积，调用 calcArea() 函数，并且输入长方形的长和宽就能知道面积。这就是函数的神奇之处。

我们已经学习了 1 个参数和 2 个参数的函数，当调用函数时，都必须指定相同数量和位置的参数，那么是否存在调用传递的参数和函数定义的参数不一致的场景呢？

（传递参数时，按照函数定义的参数数量和位置进行传递，称为位置参数。）

当然存在，Python 称为关键字参数。接下来一起学习关键字参数。

关键字参数

关键字参数在参数传递时可以和函数定义的位置和数量不一致。通过 key = value 的形式指定参数名 = 参数值来传递参数。

同样是计算长方形面积的函数，试试使用关键字传递参数是怎么传递的。

```
'''
作者：小溪
函数功能：计算长方形的面积
函数入参：长方形的长和宽，类型是数字
'''
def calcArea(length,width):
    print("长方形的面积为 %d。" % (length * width))

length = int(input("请输入长方形的长："))
width = int(input("请输入长方形的宽："))
calcArea(width = width,length = length)
```

运行程序，结果如下：

```
请输入长方形的长：8
请输入长方形的宽：6
长方形的面积为48。
```

细心的你会发现，调用 calcArea() 函数传递参数的地方有变化。

calcArea(width = width,length = length)

通过 width = width 将 width 接收到的参数传递给 width 参数。

通过 length = length 将 length 接收到的参数传递给 length 参数。

这就是关键字传参，通过 key = value 形式指定了参数名 = 参数值进行传递参数。

但是当参数都是必传时，还是推荐使用位置传参，使用关键字传参反而有点画蛇添足。

那么关键字传参适合什么场景呢？

我们先继续学习，学完你就豁朗开朗了。

参数默认值

定义函数时，可以给参数指定默认值，当调用函数时，指定默认值的参数可以不传递。

定义了很多个数学公式的函数，这次换一个，不用数学公式。

在一个女子学校中，老师需要采集 5 年级（2）班所有学生的姓名、性别、年龄、电话号码。

可以为性别指定默认值为女，年龄指定默认值为 10。如果不进行修改就会设定为默认值。

```
"""
作者：拍博士
函数功能：收集班上学生的姓名、性别、年龄、电话号码
函数入参：姓名、性别、年龄、电话号码
"""
def collect(name,phone,gender = ' 女 ',age = 10):
    print(" 姓名：%s，性别：%s，年龄：%d 岁, 电话号码：%s" %(name,gender,age,phone))

collect(" 珍妮 ","18235664788")
collect(" 米娅 ","18798986088"," 女 ")
collect(" 小乐 ","15960993457",age = 11)
collect(" 蜜蜜 ","18956068899"," 女 ",12)
```

运行程序，结果如下：

```
姓名：珍妮，性别：女，年龄：10岁,电话号码：18235664788
姓名：米娅，性别：女，年龄：10岁,电话号码：18798986088
姓名：小乐，性别：女，年龄：11岁,电话号码：15960993457
姓名：蜜蜜，性别：女，年龄：12岁,电话号码：18956068899
```

def collect(name,phone,gender = ' 女 ',age = 10):

　　print(" 姓名：%s，性别：%s，年龄：%d 岁 , 电话号码：%s" % (name,gender,age,phone))

程序中定义了 collect() 函数来收集学生的姓名、性别、年龄、电话号码。

函数有 4 个参数，分别是 name、phone 、gender、age。

其中两个参数指定了默认值，gender = ' 女 ',age = 10。

调用时，如果这两个参数没有传递值，那么这两个参数值就是默认值。

细心的你会发现电话号码 phone 放到 name 的后面，你知道为什么吗?

因为指定了默认值的参数必须在没有指定默认值的参数后面。

collect(" 珍妮 ", "18235664788")

collect(" 米娅 ", "18798986088", " 女 ")

collect(" 小乐 ", "15960993457", age = 11)

collect(" 蜜蜜 ", "18956068899", " 女 ", 12)

调用 collect() 函数进行信息收集，表示默认值的不同传递参数的方式。

● collect(" 珍妮 ", "18235664788")

name 参数传递的值是 " 珍妮 "，phone 参数传递的值是 "18235664788"，gender、age 都没有传递值，使用默认值，所以收集的结果是，姓名：珍妮，性别：女，年龄：10 岁，电话号码：18235664788。

● collect(" 米娅 ", "18798986088", " 女 ")

name 参数传递的值是 " 米娅 "，phone 参数传递的值是 "18798986088"，gender 参数传递的值是 ' 女 '，age 参数没有传递值，使用的是默认值，所以收集的结果是，姓名：米娅，性别：女，年龄：10 岁，电话号码：18798986088。

● collect(" 小乐 ", "15960993457", age = 11)

name 参数传递的值是 " 小乐 "，phone 参数传递的值是 "15960993457"，gender 参数没有传递值，使用的是默认值，age 传递的值是 11。值得注意的是，age 传递参数时，通过 age = 11 指定了参数名称，因为第二个参数 gender 没有传递参数，如果不指定参数名，则会把参数传递给 gender，这里用了关键字参数。收集的结果是，姓名：小乐，性别：女，年龄：11 岁，电话号码：15960993457。

● collect(" 蜜蜜 ", "18956068899", " 女 ", 12)

name 参数传递的值是 " 蜜蜜 "，phone 参数传递的值是 "18956068899"，gender 参数传递的值是 ' 女 '，age 参数传递的值是 12，所以收集的结果是，姓名：蜜蜜，性别：女，年龄：12 岁，电话号码：18956068899。

 函数可以传递任意个参数吗？如果我要传递 10 个参数，难道我定义函数时要定义 10 个参数吗？

 可以的，一起来学习吧！

任意数量的参数

任意数量的参数在实际使用过程中不太常用。

拍博士，我想定义一个函数，函数是打印出不定数量的数字中的奇数。

 ok，我来写这个程序。

```
'''
作者：拍博士
函数功能：找出不定数量的数字中的奇数
函数入参：不定数量的数字
'''
def oddNum(*nums):
    print(" 奇数有：")
    for num in nums:
        if(num % 2 !=0):
            print(num)

oddNum(1,52,90,19)
```

运行程序，结果如下：

```
奇数有：
1
19
```

程序中，定义了 oddNum() 函数，功能是找出不定数量的数字中的奇数，oddNum() 函数的参数是 *nums。

通过 oddNum(1,52,90,19) 调用了函数，*nums 接收了所有的数字，那么它是怎么接收的呢？我们将它打印出来看看。

```
def oddNum(*nums):
    print("oddNum() 函数接收的参数是：%s" % str(nums))
    print("oddNum() 函数接收的参数类型是 %s" % type(nums))

oddNum(1,52,90,19)
```

运行程序，结果如下：

```
oddNum()函数接收的参数是：(1, 52, 90, 19)
oddNum()函数接收的参数类型是<class 'tuple'>
```

从程序结果可以看出，*nums 接收到所有传递的参数之后，组成了一个元组。

 还有一个可以接收任意数量参数的小伙伴。一起来学习，当心被绕晕哦。接下来定义 1 个函数，功能是介绍好朋友。

 好的。

```
'''
作者：拍博士
函数功能：介绍好朋友
函数入参：三个参数，
        name 是我的名字，
        num 是好朋友的数量，
        names 是好朋友的名字，
        hobbys 是好朋友的爱好。
'''
def goodFriends(name,num,*names,**hobbys):
    print(" 我叫 %s。" % name)
    print(" 我有 %d 个好朋友。" % num)
    print(" 他们的名字是：")
    for name in names:
        print(name)
    print(" 他们的爱好是：")
    for key in hobbys:
        print(key + hobbys[key])

goodFriends(" 拍博士 ",2," 小溪 "," 小 p", 小溪 =" 爱好科学 ", 小 p=" 喜欢乐高 ")
```

运行程序，结果如下：

```
我叫拍博士。
我有2个好朋友。
他们的名字是：
小溪
小p
他们的爱好是：
小溪爱好科学
小p喜欢乐高
```

程序中，定义了一个很复杂的函数，名字叫作 goodFriends，功能是介绍好朋友，并且通过 goodFriends(" 拍博士 ", 2, " 小溪 ", " 小 p", 小溪 =" 爱好科学 ", 小 p=" 喜欢乐高 ") 调用 goodFriends() 函数，goodFriends() 函数的参数有 4 个，分别如下。

name：自己的名字，这是位置参数，调用时传递的值是 " 拍博士 "。

num：好朋友的数量，这是位置参数，调用时传递的值是 2。

*names：好朋友的名字，会接收除了与函数定义相对应的位置参数以外传递的位置参数，然后组装成一个元组。调用时，与函数定义相对应的位置参数是 " 拍博士 " 和 2，除了它们之外，*names 接收的值是 " 小溪 "，" 小 p"。

**hobbys：好朋友的爱好，会接收除了与函数定义相对应的关键字参数以外传递的关键字参数，然后组装成一个字典。调用时，传递的值是小溪 =" 爱好科学 "，小 p=" 喜欢乐高 "。

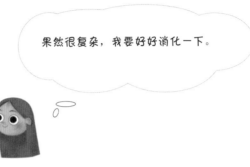

果然很复杂，我要好好消化一下。

14.5　函数的返回值

在函数体的构成中，包含 return 语句，return 语句的作用就是从函数中返回值。return 语句可以有也可以没有。我们之前的函数都是没有带 return 语句的，所以返回的都是 None。

改造计算长方形的面积的函数，增加一个 return 语句，返回计算结果。

代码

```
'''
作者：小溪
函数功能：计算长方形的面积
函数入参：长方形的长和宽，类型是数字
函数返回值：长方形的面积，类型是数字
'''
def calcArea(length,width):
    return length * width

length = int(input(" 请输入长方形的长："))
width = int(input(" 请输入长方形的宽："))
area = calcArea(width,length)
print(" 长方形的面积是 %d。" % area)
```

运行程序，结果如下：

请输入长方形的长：**8**
请输入长方形的宽：**6**
长方形的面积是48。

程序中，对 calcArea() 函数进行改造：

def calcArea(length,width):

    return length * width

增加了 return 语句，返回长方形的面积计算结果。

所以当程序通过 area = calcArea(width,length) 调用 calcArea() 函数时，能够获取长方形的面积并且赋值给变量 area。

14.6　函数小挑战

小溪和小 p 今天学习了定义函数和调用函数，小朋友们，你们学会了吗？

一起来参与 Python 星球的函数小挑战吧！

我的小勇士，我相信你是最棒的！

请完成下面的考验。

1. 定义 1 个入参的函数，函数名称是 calcCircleArea，功能是：计算圆的面积并且打印，计算公式是：π*r * r（Python 中的 π 就是数学中的圆周率，但用之前需要在 Python 的文件开头引入 math 模块：import math），并且调用 calcCircleArea() 函数计算半径为 5cm 的圆的面积。

2. 定义 2 个入参和一个返回值的函数计算长方形的周长，函数名称是 calcRectanglePerimeter，计算公式是：（长＋宽）×2，并且调用 calcRectanglePerimeter() 函数计算长为 10，宽为 6 的长方形的周长，并且打印输出周长的值。

3. 定义 1 个函数，函数名称是 getMaxNum，功能是：接收不定数量的一组数字，输出这组数字中的最大值，并且调用 getMaxNum() 函数，找出 6，89，3，43，22，122，76，34 中的最大值并且输出。

完成考验，请核对：

1.

```
"""
函数功能：计算圆的面积
入参：圆的半径，单位默认为 cm，类型为浮点数
"""
import math

def calcCircleArea(radius):
    print("半径为 %0.2fcm 的圆的面积是 %0.2fcm²。" % (radius,math.pi * radius * radius))

calcCircleArea(5)
```

运行程序，结果如下：

半径为5.00cm的圆的面积是78.54cm²。

2.

```
"""
函数功能：计算长方形的周长
入参：长和宽，类型为数字
返回值：长方形的周长
"""
def calcRectanglePerimeter(length,width):
    return (length + width) * 2

perimeter = calcRectanglePerimeter(10,6)
print("长方形的周长是 %d。" % perimeter)
```

运行程序，结果如下：

长方形的周长是32。

3.

```
'''
函数功能：找出不定数量的数字中的最大值
函数入参：不定数量的数字
'''
def getMaxNum(*nums):
    maxNum = 0
    for num in nums:
        if num > maxNum:
            maxNum = num
    return maxNum

maxNum = getMaxNum(6,89,3,43,22,122,76,34)
print(" 最大值是 %d。" % maxNum)
```

运行程序，结果如下：

最大值是122。

## 第 15 章

会画画的小海龟

15.1 认识小海龟

翻开拍博士秘籍

"Python 是一种编程语言，但是 Python 中有一只可爱的小海龟，它能画出各种各样的图片。

小海龟是谁呢？它是怎样画图的呢？

小海龟的名字叫作 turtle，是 Python 中的一个绘图模块。

（模块是一个 python 文件，提供了很多可调用的函数，调用模块内的函数能实现特定的功能。）

如果要使用模块，首先要导入模块，语法是 import 模块名。

例如，如果要使用 turtle 模块进行绘图，那么需要先导入 turtle 模块，import turtle。更多的模块知识，在后面的内容中会介绍。

小海龟提供了很多绘图技能，只要你 import turtle，你就成为小海龟的主人，能使用小海龟的技能完成你想做的事情。

你想画一条直线，小海龟的 turtle.forward(distance) 函数就能给予你力量；

你想画一个圆，小海龟的 turtle.circle() 函数就能够赋予你这个超能力；

你想画一个三角形，小海龟也能帮助你完成；

小海龟不仅能够画出形状，同时还能涂上各种各样的颜色；

这就是万能的小海龟。

接下来一起来认识这只可爱厉害的小海龟吧！

小 p，你画画之前要准备什么？

我画画要准备一张纸、一支笔，还有各种水彩笔，这样我就能上色了。

 小海龟画图也需要纸和笔，它们被称为画布和画笔。

接下来先来学习画布。

 好的。

15.2　画布

画布是小海龟画图的区域。

小海龟提供了函数控制画布的大小和背景颜色。

turtle.screensize(canvwidth=None,canvheight=None,bg=None) 函 数 有 3 个 入 参：canvwidth 是画布的宽，可以为空；canvheight 是画布的高，可以为空；bg 是画布的颜色，可以为空。

如果都设置为空，则画布的默认大小为宽：400 像素；高：300 像素。

一起来给小海龟准备一个画布。

 代码
```
import turtle
turtle.screensize(500,800,'green')
```

运行程序，结果如下：

程序准备好了一个高为 500 像素、宽为 800 像素、颜色为绿色的画布。

接下来分析下程序。

import turtle 是导入 turtle 模块，这样就能使用 turtle 模块提供的功能。

turtle.screensize(500,800, 'green') 是设置画布的宽为 500 像素，高为 800 像素，背景颜色为绿色。

 博士，我发现一个奇怪的事情，我修改画布的宽和高，好像画布大小变化并不是很明显，我怎样设置才能看到更加明显的效果呢？

 我觉得你想改变的应该是窗口大小，那需要 setup（width=_CFG["width"], height=_CFG["height"], startx=_CFG["leftright"], starty=_CFG["topbottom"]）函数来帮助你。

setup（width=_CFG["width"], height=_CFG["height"], startx=_CFG["leftright"], starty=_CFG["topbottom"]）函数有下面 4 个参数。

width：如果是整数，则表示窗口的长为多少像素；还可以设置浮点数，则表示屏幕的占比，例如 50%，则是占屏幕长的 50%。

height：如果是整数，则表示窗口的宽为多少像素；还可以设置浮点数，则表示屏幕的占比，例如 50%，则是占屏幕宽的 50%。

startx：如果是正数，则表示初始位置距离屏幕左边缘多少像素；如果是负数，则表示初始位置距离屏幕右边缘多少像素。None 则表示初始位置是屏幕水平居中。

starty：如果是正数，则表示初始位置距离屏幕上边缘多少像素；如果是负数，则表示初始位置距离屏幕下边缘多少像素。None 则表示初始位置是屏幕垂直居中。

 代码
```
import turtle
turtle.setup(400,300)
turtle.screensize(60,40,"green")
```

运行程序，结果如下：

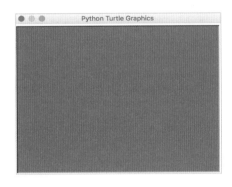

import turtle 是导入 turtle 模块，这样就能使用 turtle 模块提供的函数。

turtle.setup(400,300) 是设置窗口大小，长为 400 像素，宽为 300 像素。

turtle.screensize(60,40, "green") 是设置画布大小，宽为 60 像素，长为 40 像素，背景颜色为绿色。

可以试试调整窗口的大小，能明确感觉到变化。

 窗口大小是长为 400 像素，宽为 300 像素；画布大小宽为 60 像素，长为 40 像素，但是从程序运行结果来看，我感觉画布和窗口是一样大的。

 小误观察很仔细，当画布大小小于窗口大小时，Python 会自动把画布扩大填充满整个窗口。

 如果画布大小大于窗口大小呢？

 留个作业，动手试试。并且写下结论。

15.3　小海龟花样技能

要在画布上画图案，就要辛苦小海龟了。

接下来先来认识小海龟。

```
import turtle
turtle.setup(600,400)
turtle.screensize(200,100,'green')
turtle.shape('turtle')
print(" 小海龟的初始位置是：%s" % str(turtle.position()))
```

运行程序，结果如下：

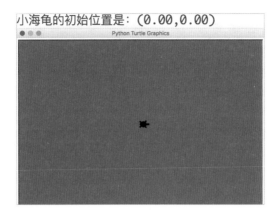

窗口中出现了一只小海龟。一起来看看是怎么做到的？

import turtle 是导入 turtle 模块。

turtle.setup(600,400) 是设置窗口大小，长为 600 像素，宽为 400 像素。

turtle.screensize(200,100, 'green') 是设置画布大小，长为 200 像素，宽为 100 像素，背景颜色为绿色。

turtle.shape('turtle') 是设置海龟的形状为小海龟。还可以设置其他形状："classic"、"circle"、"triangle"、"square"、"arrow"。感兴趣的话动手试试吧。

print(" 小海龟的初始位置是：%s" % str(turtle.position())) 是通过 turtle.position() 获取小海龟的位置并且转换为字符串打印出来。

可以看到小海龟的位置是（0，0），在画布的中心点。从数学的角度来说，就是原点，可以把画布的中心点看成是 x 轴和 y 轴的坐标原点，坐标为（0，0），并且小海龟的头的朝向是朝着 x 轴正方向的，所以如果小海龟行进也是朝着 x 轴的正方向的。一起来看看让小海龟往前行走 100 像素。

小海龟前进可以使用 forward() 函数 或者 fd() 函数来完成。

```
import turtle
turtle.setup(600,400)
turtle.screensize(200,100,'green')
turtle.shape('turtle')
turtle.fd(100)
```

运行程序，结果如下：

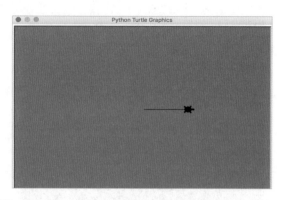

通过 turtle.fd(100) 调用 fd() 函数使小海龟往前走 100 像素，并且沿着小海龟的前进轨迹画一条直线。

小海龟能前进，也能后退，如果要后退，可以使用 backward() 函数、bk() 函数或者 back() 函数来实现。

```
import turtle
turtle.setup(600,400)
turtle.screensize(200,100,'green')
turtle.shape('turtle')
turtle.bk(100)
```

运行程序，结果如下：

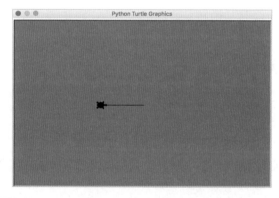

通过 turtle.bk(100) 调用 bk() 函数使小海龟后退 100 像素，并且沿着小海龟的前进轨迹画一条直线。

 如果我想让小海龟画一个蓝色的三角形要怎么画呢？

首先来分析三角形是怎么画的？

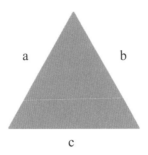

假定要画三个角都是 60 度的等边三角形，最先画边 c，然后左转 180-60=120 度，画边 b，再左转 180-60=120 度，画边 a，等边三角形就完成了。

要让小海龟左转一定的角度可以使用 left(angle) 函数或者 lt(angle) 函数。

来看看 left(120) 的效果，lt(120) 效果是一样的。

```
import turtle
turtle.setup(600,400)
turtle.screensize(200,100)
turtle.shape('turtle')
turtle.fd(100)
turtle.left(120)
turtle.fd(100)
```

运行程序，结果如下：

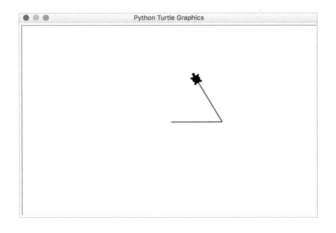

程序中，通过 turtle.fd(100)、turtle.left(120) 和 turtle.fd(100) 使小海龟先往前移动 100 像素，然后左转 120 度，再继续往前移动 100 像素。

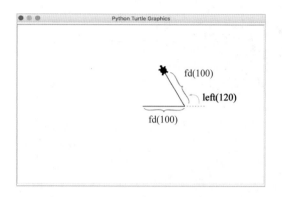

学会了 left(angle) 函数，接下来画三角形。

小溪你来试试。

```
import turtle
turtle.setup(600,400)
turtle.screensize(200,100)
turtle.shape('turtle')
# 前进 100 像素
turtle.fd(100)
# 左转 120 度
turtle.left(120)
# 前进 100 像素
turtle.fd(100)
# 左转 120 度
turtle.left(120)
# 前进 100 像素
turtle.fd(100)
```

运行程序，结果如下：

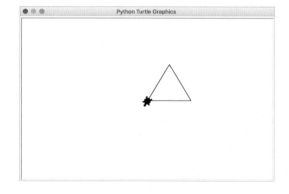

等边三角形就画成了，通过前面一番分析，怎样画成的应该很容易理解了。

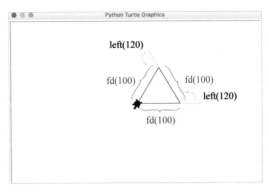

turtle.fd(100) 是调用 fd() 函数使小海龟先前进 100 像素，画好边 c。

turtle.left(120) 是调用 left() 函数使小海龟的方向往左转 120 度。

turtle.fd(100) 是调用 fd() 函数再使小海龟前进 100 像素，画好边 b。

turtle.left(120) 是调用 left() 函数使小海龟的方向往左转 120 度。

turtle.fd(100) 是调用 fd() 函数再使小海龟前进 100 像素，画好边 a。

如果想让小海龟右转一定的角度，可以使用 right(angle) 函数或者 rt(angle) 函数。写一个程序来看看效果。

```
import turtle
turtle.setup(600,400)
turtle.screensize(200,100)
turtle.shape('turtle')
turtle.fd(100)
turtle.right(120)
turtle.fd(100)
```

运行程序，结果如下：

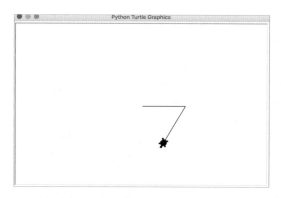

程序中，通过 turtle.fd(100)、turtle.left(120) 和 turtle.fd(100) 使小海龟先往前移动 100 像素，然后右转 120 度，再继续往前移动 100 像素。

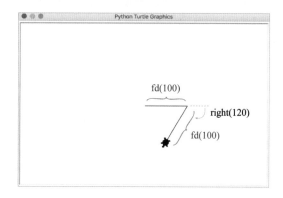

 三角形是完成了，但是没有上色呢。

 接下来给三角形上色，小海龟给我们提供了填充函数。

turtle.color(*args)：设置画笔颜色和填充颜色。

turtle.fillcolor(*args)：设置填充颜色。

begin_fill()：开始填充。

end_fill()：结束填充。

接下来给三角形上色。

```
import turtle
turtle.setup(600,400)
turtle.screensize(200,100)
turtle.shape('turtle')
# 设置画笔颜色和填充颜色
turtle.color('deep sky blue')
# 开始填充
turtle.begin_fill()
# 前进 100 像素
turtle.fd(100)
# 左转 120 度
turtle.left(120)
# 前进 100 像素
turtle.fd(100)
# 左转 120 度
turtle.left(120)
# 前进 100 像素
turtle.fd(100)
# 结束填充
turtle.end_fill()
```

运行程序，结果如下：

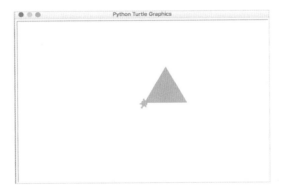

给三角形上色成功。

通过 turtle.color('deep sky blue') 设置画笔颜色和填充颜色。通过 begin_fill() 函数和 end_fill() 函数完成三角形填充颜色的操作。

可以把小海龟去掉吗？

可以，小海龟自带隐身功能。
hideturtle() 函数或者 ht() 函数可以使小海龟隐身。
showturtle() 函数或者 st() 函数可以使小海龟出现。

```
import turtle
turtle.setup(600,400)
turtle.screensize(200,100)
turtle.shape('turtle')
# 设置画笔颜色和填充颜色
turtle.color('deep sky blue')
# 开始填充
turtle.begin_fill()
# 前进 100 像素
turtle.fd(100)
# 左转 120 度
turtle.left(120)
# 前进 100 像素
turtle.fd(100)
# 左转 120 度
turtle.left(120)
# 前进 100 像素
turtle.fd(100)
i# 结束填充
turtle.end_fill()
# 隐藏画笔
turtle.hideturtle()
```

运行程序，结果如下：

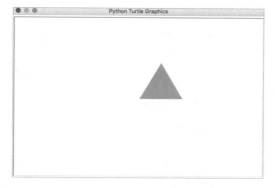

程序中通过 turtle.hideturtle() 将作为画笔的小海龟隐身了。

蓝色三角形真正地完成了。

小海龟还能直接移动到指定的一个位置。可以使用 goto() 函数或者 setpos() 函数或者 setposition() 函数完成。

使用 goto() 函数也能画三角形。

```
import turtle
turtle.setup(600,400)
turtle.screensize(200,100)
turtle.shape('turtle')
turtle.color('deep sky blue')
turtle.begin_fill()
# 移动到位置 (100,0)
turtle.goto(100,0)
# 移动到位置 (50,85)
turtle.goto(50,86)
# 移动到位置 (0,0)
turtle.goto(0,0)
turtle.end_fill()
turtle.hideturtle()
```

运行程序，结果如下：

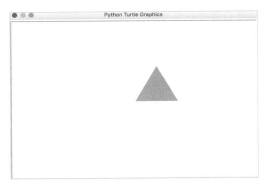

程序中，通过 turtle.goto(100,0)、turtle.goto(50,86) 和 turtle.goto(0,0) 三行代码完成了一个三角形。

(100,0)、(50,86)、(0,0) 对应的是三角形三个顶点的位置。

goto（x,y）函数是使小海龟移动到指定的 (x,y) 的位置。

如果小海龟只是想改变 x 坐标，那么可以使用：setx() 函数。

如果小海龟只是想改变 y 坐标，那么可以使用：sety() 函数。

我想画一个圆。

 好巧，小海龟提供了画圆的函数，直接使用 circle(radius, extent=None, steps=None) 函数即可画圆。

circle(radius, extent=None, steps=None) 函数有三个入参。

radius：指定圆的半径，圆心在海龟左边 radius 个单位。当指定的半径是正数，圆心在海龟左边 radius 个单位；当指定的半径是负数，圆心在海龟右边 radius 个单位。

extent：角度，可以用来绘制圆弧，可选参数，如果不填则画整圆。

steps：边的数量，通过这个参数的设置不仅可以绘制圆，也可以用来绘制多边形。

```
import turtle
turtle.setup(600,400)
turtle.screensize(200,100)
turtle.shape('turtle')
turtle.circle(60)
turtle.hideturtle()
```

运行程序，结果如下：

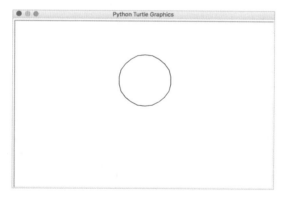

程序通过 turtle.circle(60) 调用 circle() 函数画一个半径为 60 的圆。

通过观察小海龟画圆的过程，你会发现小海龟的圆是由很多个边组成的。

还可以通过指定其他参数，绘制多边形。下面画一个六边形，一起来试试吧！

```
import turtle
turtle.setup(600,400)
turtle.screensize(200,100)
```

```
turtle.shape('turtle')
turtle.circle(60,360,6)
turtle.hideturtle()
```

运行程序，结果如下：

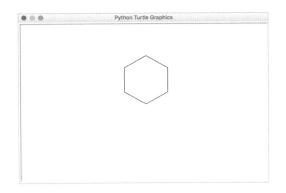

通过 turtle.circle(60,360,6) 画出一个六边形。

我喜欢吃冰糖葫芦，小海龟能画冰糖葫芦吗？

哈哈，我们来试试。
在画之前，我们先来分析冰糖葫芦要怎么画。
眼前是一串冰糖葫芦，先观察冰糖葫芦，说出它的特征。

我观察到的冰糖葫芦的特征有：
1. 冰糖葫芦由2根（实际是1根、中间部位被挡住了）签子和串起来的5个实心圆点组成；
2. 冰糖葫芦的角度是斜的。

了解了冰糖葫芦的特征，接下来看看要使用小海龟的哪些超能力来完成冰糖葫芦。

1. 冰糖葫芦由 2 节签子和串起来的 5 个实心圆点组成。

- 2 节签子可以使用 fd(distance) 函数来完成；

- 5 个实心圆点可以用小海龟的 turtle.dot(size=None, *color) 函数来完成，它有两个参数。

size：表示圆点的直径，冰糖葫芦的半径可以指定为 25。

color：表示圆点的颜色，冰糖葫芦的颜色可以指定为 red。

使用 turtle.dot(size=None, *color) 函数来画一个圆点。

```python
import turtle
turtle.setup(600,400)
turtle.screensize(200,100)
turtle.shape('turtle')
turtle.dot(30,"red")
turtle.hideturtle()
```

运行程序，结果如下：

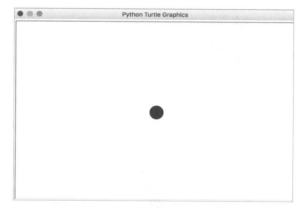

串起来的 5 个实心圆点怎么画呢？

先画一个实心圆点，移动一段距离；再画一个实心圆点，移动一段距离……重复 5 次，串起来的 5 个实名圆点就完成了。看到重复两个字，是不是想到了循环。

2. 冰糖葫芦的角度是斜的。

之前介绍过，小海龟的初始状态是头朝着 x 轴的正方向，如果要让小海龟的头朝着冰糖葫芦的方向，可以使用 right(angle) 函数使小海龟右转指定的角度。

经过一系列的分析，接下来开始画冰糖葫芦。

```
import turtle

'''
函数功能：完成冰糖葫芦的圆点的绘制
'''
def dots(size,color,distance):
    turtle.dot(size,color)
    turtle.fd(distance)

turtle.setup(600,400)
turtle.screensize(200,100)
turtle.shape('turtle')
# 右转 120 度
turtle.right(120)
turtle.fd(20)

# 画 5 个圆点
for item in range(5):
    dots(30,"red",25)
turtle.fd(25)
```

运行程序，结果如下：

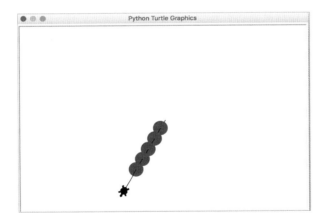

程序完成了冰糖葫芦的雏形。看看是怎么画出来的。

turtle.right(120) 首先使小海龟右转 120 度。

turtle.fd(20) 使小海龟移动 20 像素，完成了第一节签子。

for item in range(5):

　　dots(30, "red",25)

通过循环调用 dots() 函数，画出 5 个圆点。

在程序中定义函数 dots()，功能是完成冰糖葫芦的圆点的绘制。

```
def dots(size,color,distance):
    turtle.dot(size,color)
    turtle.fd(distance)
```

具体的逻辑如下：

画一个直径为 30 的圆点，因为串起来的圆点有重叠，假设重叠了 5，那么移动 25 再画第二个圆点。

```
turtle.fd(25)
```

使小海龟移动 25 像素，完成了第二节签子。

 但是每个圆点之间有黑线，看起来并不是很好看。有什么方法可以把黑线去掉吗？

 可以让画笔抬起，移动到要画圆点的位置再落下，小海龟给我们提供了这个技能。

turtle.penup() 函数、turtle.pu() 函数或者 turtle.up() 函数：使画笔抬起。

turtle.pendown() 函数、turtle.pd() 函数或者 turtle.down() 函数：使画笔落下。

接下来对圆点之间的黑线进行优化。

```
import turtle

'''
函数功能：完成冰糖葫芦的圆点的绘制
'''
def dots(size,color,distance):
    turtle.dot(size,color)
    # 将画笔抬起
    turtle.penup()
    turtle.fd(distance)
    # 将画笔落下
    turtle.pendown()

turtle.setup(600,400)
turtle.screensize(200,100)
```

```
turtle.shape('turtle')
# 右转 120 度
turtle.right(120)
turtle.fd(20)

# 画 5 个圆点
for item in range(5):
    dots(30,"red",25)
turtle.fd(25)
```

运行程序，结果如下：

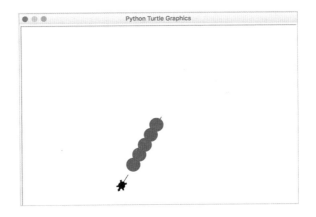

通过对 dots() 函数进行修改：

```
def dots(size,color,distance):
    turtle.dot(size,color)
    # 将画笔抬起
    turtle.penup()
    turtle.fd(distance)
    # 将画笔落下
    turtle.pendown()
```

　　小海龟移动之前，通过 turtle.penup() 函数控制画笔抬起，不进行作画；当要画圆点之前，通过 turtle.pendown() 函数控制画笔落下，进行圆点的作画；通过这种方式，将黑线去除。

　　但是出现了一个新问题：最后一个圆点和第二节签子中出现了空白。

是因为画完圆点之后，将画笔抬起，海龟往前走了 25 像素，才将画笔落下画第二节签子。

应该怎样解决呢？

因为圆点的直径是 30，所以在画完最后一个圆点时，将画笔抬起，小海龟只需往前走 15 像素，然后将画笔落下画第二节签子。就能将最后一个圆点和第二节棍子中的空白消除。

修改代码：

```
import turtle
'''
函数功能：完成冰糖葫芦的圆点的绘制
'''
def dots(size,color,distance):
    turtle.dot(size,color)
    # 将画笔抬起
    turtle.penup()
    turtle.fd(distance)
    # 将画笔落下
    turtle.pendown()

turtle.setup(600,400)
turtle.screensize(200,100)
turtle.shape('turtle')
# 改变小海龟的朝向
turtle.setheading(250)
turtle.fd(20)
#画 5 个圆点
for item in range(5):
    if item == 4:
        dots(30,"red",15)
    else:
        dots(30,"red",25)
turtle.fd(25)
turtle.hideturtle()
```

运行程序，结果如下：

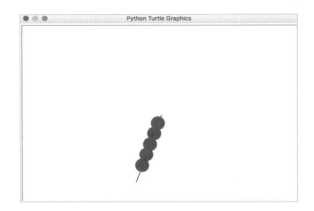

通过修改循环中最后一个圆点的逻辑修复了空白段的问题。

```
for item in range(5):
    if item == 4:
        dots(15,30, "red")
    else:
        dots(25,30, "red")
```

同时，通过 turtle.hideturtle() 将小海龟隐身了。

冰糖葫芦就完成了。

小海龟还有很多法宝呢，在后面的学习中自己探索吧！

15.4　小海龟小挑战

小溪和小 p 今天领教了小海龟的花样技能，小朋友们，你们被震惊到了吗?

一起来参与 Python 星球的小海龟小挑战吧！

我的小勇士，我相信你是最棒的！

请完成下面的考验。

1.绘制一个宽为 600、高为 300 的窗口，一个宽为 200、高为 100、背景颜色为黄色的画布。

2.在第 1 题中的窗口和画布上画条直线，长为 200 像素，并且将画笔的形状设置为"arrow"。

3．在大小宽为 600、高为 300 的窗口和宽为 200、高为 100 的画布上画一个边长为 100 像素的正方形，并且填充上你喜欢的颜色，将画笔的形状设置为"turtle"，画完正方形之后，将小海龟隐藏。

4．在大小宽为 600、高为 300 的窗口和宽为 200、高为 100 的画布上画一个粉色（颜色表示为'pink'）的棒棒糖。将线条的粗细设置为 5，将画笔的形状设置为"classic"，画完之后，将小海龟隐藏。

如下图所示：

备注：

pensize(width = None) 可以设置线条的粗细为 width。

5．在大小宽为 600、高为 300 的窗口和宽为 200、高为 100 的画布上画一个人的简单面部。将画笔的形状设置为"turtle"，画完正方形之后，将小海龟隐藏。

如下图所示：

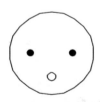

完成考验，请核对：

1.

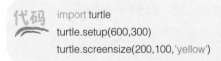

```
import turtle
turtle.setup(600,300)
turtle.screensize(200,100,'yellow')
```

运行程序，结果如下：

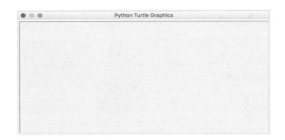

2.

```
import turtle
turtle.setup(600,300)
turtle.screensize(200,100,'yellow')
turtle.shape('arrow')
turtle.fd(200)
```

运行程序，结果如下：

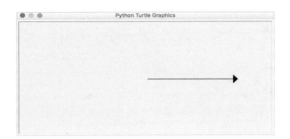

3.

```
import turtle
turtle.setup(600,300)
turtle.screensize(200,100)
turtle.shape('turtle')
turtle.color('pink')
turtle.begin_fill()
for item in range(4):
    turtle.fd(100)
    turtle.right(90)
turtle.hideturtle()
turtle.end_fill()
```

运行程序，结果如下：

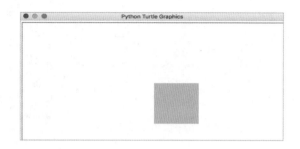

4.

```
代码   import turtle
       turtle.setup(600,300)
       turtle.screensize(200,100)
       turtle.shape('classic')
       turtle.color("pink")
       turtle.pensize(5)
       for i in range(4):
           turtle.penup()
           turtle.goto(0,−10*i)
           turtle.pendown()
           turtle.circle(10+i*10)
       turtle.right(90)
       turtle.fd(50)
       turtle.hideturtle()
```

运行程序，结果如下：

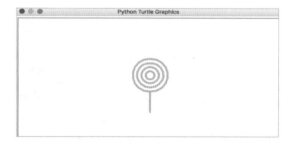

5.

```
代码   import turtle
       turtle.setup(600,300)
       turtle.screensize(200,100)
       turtle.shape('turtle')
```

```
turtle.circle(60)
turtle.penup()
turtle.goto(-30,60)
turtle.pendown()
turtle.dot(10)
turtle.penup()
turtle.goto(30,60)
turtle.pendown()
turtle.dot(10)
turtle.penup()
turtle.goto(0,20)
turtle.pendown()
turtle.circle(6)
turtle.hideturtle()
```

运行程序，结果如下：

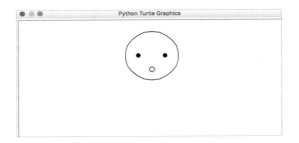

第 16 章

开启 Python 新篇章——模块

翻开拍博士秘籍

你已经是 Python 编程小能手了，能用 Python 写出很长的代码，实现很复杂的功能。这时，你有没有遇到下面这些问题。

1. 自己写的代码越来越长，都在一个文件中，查找特别不方便。

2. 有很多功能的代码之前就写过，现在想要使用还要重新再写一遍。

不知道，上面两个问题有没有困扰你呢？

有什么方法可以解决这些问题呢？有没有想过要把很长的 Python 文件按照功能拆分开，拆成一个个小的模块，就类似一个一个的积木块，想要哪块就搬哪块，不用再重新写代码。Python 很贴心地提供了模块，刚好能解决上面的问题。

使用模块，就能把很长的 Python 文件中的代码拆成一个个小模块，当下次需要使用时，直接调用模块即可。

你现在脑子里肯定有很多问号，一起来认识神奇的模块解决你的疑惑吧！

16.1 从创建模块开始

 神奇的模块究竟长什么样呢？

 其实在前面的课程中，你已经创建了很多模块。

因为模块就是 Python 文件。

要创建新的模块，只需创建一个新的 Python 文件。

接下来我们一起创建一个属于你的模块，模块功能是：

判断一个数是不是"水仙花数"。

水仙花数是什么数呢？

"水仙花数"是指一个三位数，它的各位数字立方和等于数字本身。

举个例子：

数字 153，它等于百位数字 1 的 3 次方、十位数字 5 的 3 次方、个位数字 3 的 3 次方，

3 个数字相加的结果。

换成公式是这样的：$153 = 1^3 + 5^3 + 3^3 = 1 + 125 + 27 = 153$。

打开 IDLE，选择新建 Python 文件，保存并且命名为：narcissisticNum.py。

> 注意：模块名称不要和 Python 内置模块的名称相同。

就像之前的海龟模块"turtle"，如果你也创建了一个名字为"turtle"的 Python 文件。那么海龟模块就会被你新创建的文件取代了。

代码

```
"""
函数功能：判断 num 是不是 " 水仙花数 "
入参：num，数字类型
返回值：
    True：这个数字是 " 水仙花数 "
    False：这个数字不是 " 水仙花数 "
"""
def isNarcissisticNum(num):
    # 计算出数字的百位数
    hundreds = num // 100
    # 计算出数字的十位数
    tens = num // 10 % 10
    # 计算出数字的个位数
    single = num % 10
    return num == hundreds ** 3 + tens ** 3 + single ** 3
```

这就创建好了 narcissisticNum 模块。

接下来使用模块。

程序中，通过 hundreds = num // 100 获取百位上的数字，通过 // 进行向下取整，123//100=1，获取 123 除以 100 得到的整数部分，这样就可以快速地获得百位数字。

通过 tens = num // 10 ％ 10 获取十位上的数字，通过 ％ 进行取余。

234//10=23，但是我们现在需要的是十位上的数字。所以再计算 23%10=3，23 除以 10，商是 2，余数是 3，％ 计算获取余数 3，这样就计算出 234 十位上的数字。

16.2　模块学以致用

我需要判断一个数字是不是"水仙花数"，刚好 narcissisticNum 模块提供了这个功能。那么要怎么使用 narcissisticNum 模块来帮助我们呢？

要使用 narcissisticNum 模块的功能，首先要导入模块。在 Python 中，使用 import 导入模块。

在 narcissisticNum 模块相同的目录下创建一个 Python 文件：narcissisticNumTest.py。

【小扩展】

相同的目录是什么意思呢？

就是两个文件在同一个文件夹中，如下图所示，它们都在程序文件夹里。

如果需要在 narcissisticNumTest.py 中使用 narcissisticNum 模块，可以通过以下方式导入模块。

1. import narcissisticNum 导入 narcissisticNum 模块。

2. from narcissisticNum import isNarcissisticNum　导入 narcissisticNum 模块中的 isNarcissisticNum 函数。

3. from narcissisticNum import *，一般不推荐使用。

接下来在 narcissisticNumTest.py 中导入 narcissisticNum 模块判断一个数是否是水仙花数。

```
import narcissisticNum
num = int(input(" 请输入一个 3 位数："))
if narcissisticNum.isNarcissisticNum(num):
    print("%d 是一个水仙花数。" % num)
else:
    print("%d 不是一个水仙花数。" % num)
```

运行程序，结果如下：

> 请输入一个3位数：**111**
> 111不是一个水仙花数。

程序中，使用 import narcissisticNum 的方式导入 narcissisticNum 模块。

narcissisticNum 模块的名字好长好复杂啊，每次调用都要写那么长一串。

我也觉得，Python 可以给导入模块设置一个别名，语法是：import narcissisticNum as narNum。

```
import narcissisticNum as narNum
num = int(input(" 请输入一个 3 位数："))
if narNum.isNarcissisticNum(num):
    print("%d 是一个水仙花数。" % num)
else:
    print("%d 不是一个水仙花数。" % num)
```

运行程序，结果如下：

> 请输入一个3位数：**123**
> 123不是一个水仙花数。

还可以尝试使用 from narcissisticNum import isNarcissicNum 的方式导入。

```
from narcissisticNum import isNarcissicNum
num = int(input(" 请输入一个 3 位数： "))
if isNarcissicNum(num):
    print("%d 是一个水仙花数。" % num)
else:
    print("%d 不是一个水仙花数。" % num)
```

运行程序，结果如下：

请输入一个3位数：**153**
153是一个水仙花数。

 如果在 narcissicNum 模块不同的目录下创建一个 Python 文件：narcissicNumTest.py，要怎么导入呢？

【小扩展】

不同的目录是什么意思呢？

就是两个 Python 文件在不同的文件夹下。

比如在 Python 文件夹下，有两个文件夹 module 和 case，然后这两个文件一个在 module 文件夹里，另一个在 case 文件夹里。

首先找到 narcissicNum 模块的文件夹路径：/Python/module/narcissicNum.py。

代码
```
import sys
sys.path.append("/Python/module/narcissisticNum.py")
from narcissisticNum import isNarcissisticNum
num = int(input(" 请输入一个 3 位数："))
if isNarcissisticNum(num):
    print("%d 是一个水仙花数。" % num)
else:
    print("%d 不是一个水仙花数。" % num)
```

运行程序，结果如下：

> 请输入一个3位数：222
> 222不是一个水仙花数。

程序中，在 narcissisticNumTest.py 中导入不同目录下的 narcissisticNum 模块，是怎么做到的呢？

1. import sys 导入 sys 模块，该模块的功能是：访问解释器使用或维护的一些变量和与解释器强烈交互的函数。

2. sys.path 变量用来确定 Python 解释器的模块的搜索路径。

3. sys.path.append("/Python/module/narcissisticNum.py") 将 narcissisticNum 模块的路径添加到搜索路径列表中，这样 Python 解释器才能找到 narcissisticNum 模块。

16.3　Python 标准库

Python 标准库是一组模块，只要你安装好 Python，就会包含它。Python 标准库为你提供了很多很好用的功能，你已经学习了创建模块和使用模块，了解 Python 标准库中都有哪些库，提供了什么功能，然后在你需要的时候，学习并且运用它们，将是你以后 Python 学习中很重要的一项能力，这样你就能不断地修炼自己的功力，将会成为更加厉害的 Python 编程者。

Python 标准库中有那么多模块，怎样才能找到它们，了解它们的功能呢？

你可以访问 Python 官网 https://docs.python.org/3.7/，选择相应版本的在线文档进行查看。

16.4 第三方模块

第三方模块是什么模块？

第三方模块就是别人写好的模块，你可以直接拿来使用。

Python 中可以安装第三方模块，通过 Python 的软件包安装程序 pip 来完成，所以 pip 的安装就很重要了。

如果你安装的 Python 是从 Python 官网下载的，如果是 Python 3.4 或更高版本，那么当你安装好了 Python 的同时 pip 就安装好了。

但是要注意的是，如果是 Windows 在安装时要记得进行勾选。

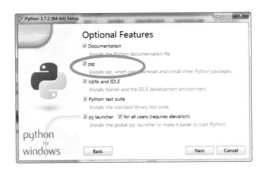

当需要安装第三方模块时，如果是 Python 2，可以使用 pip install 模块名称进行安装；如果是 Python 3，可以使用 pip3 install 模块名称进行安装。

16.5　模块小挑战

小溪和小 p 今天学习了神奇的模块，小朋友们，你们学会了吗？

一起来参与 Python 星球的模块小挑战吧！

我的小勇士，我相信你是最棒的！

请完成下面的考验。

1. 创建一个模块，命名为：GreatestCommonDivisor.py，功能是：计算两个数字的最大公因数。

最大公因数的概念是：两个或者多个整数公有因数中最大的一个。

因数的概念：整数 a 除以整数 b(b ≠ 0) 的商正好是整数而没有余数，我们就说 b 是 a 的因数。例如：12 和 27 的最大公因数是 3。

2. 在 GreatestCommonDivisorTest.py 文件中使用 GreatestCommonDivisor 模块，并且计算 24 和 60 的最大公因数，并且输出。

3. 学习 Python 的 math 模块，导入模块计算 4 的 8 次方的结果，并且输出。

完成考验，请核对：

1. 分析：要求两个数字的最大公因数，分别是数字 num1 和数字 num2，要怎么求呢？方法有多种，这里使用辗转相除法。

（1）对数求余：temp = num1 % num2。

（2）如果 temp = 0，说明可以整除，则 num2 是两个数的最大公因数。

（3）如果 temp != 0，则 num1 赋值为 num2，num2 赋值为 temp，一直循环直到 temp =0，这时的 num2 就是最大公因数。

 GreatestCommonDivisor.py 文件代码

```
'''
函数功能：计算两个数的最大公因数
入参：num1 和 num2，都是整数
返回值：两个数的最大公因数
'''
def getGreatestCommonDivisor(num1,num2):
    temp = num1 % num2
    while temp != 0:
        num1 = num2
        num2 = temp
        temp = num1 % num2
    return num2
```

2.

 GreatestCommonDivisorTest.py 文件代码

```
# 调用之前创建好的模块，注意两个文件要在相同的文件里
from GreatestCommonDivisor import getGreatestCommonDivisor

print("计算两个数字的最大公约数。")
num1 = int(input(" 请输入第一个数字："))
num2 = int(input(" 请输入第二个数字："))
res = getGreatestCommonDivisor(num1,num2)
print("%d 和 %d 的最大公约数是 %d。" % (num1,num2,res))
```

运行程序，结果如下：

> 计算两个数字的最大公约数。
> 请输入第一个数字：**24**
> 请输入第二个数字：**60**
> 24和60的最大公约数是12。

3.

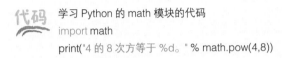

学习 Python 的 math 模块的代码

```
import math
print("4 的 8 次方等于 %d。" % math.pow(4,8))
```

运行程序，结果如下：

> 4的8次方等于65536。

第17章

博大精深的类与对象

翻开拍博士秘籍

现实世界中的事和人遵循物以类聚，人以群分。就好比：梅花、牡丹、仙人掌、郁金香都可以归类为植物；狮子、大象、松鼠、老虎都可以归类为动物。

在 Python 中，也可以对事物进行分类。

Python 中的类是什么呢？

在 Python 中，类是用来表示具有相同属性和方法的一类事物，对象是类的具体实例，也就是这一类事物中的具体呈现。

类和对象是怎样创建的？

类和对象是怎样使用的？

在 Python 中对事物进行分类有什么好处呢？

带着一系列的疑问，今天一起来认识 Python 中的类与对象。

学习完本章，希望你的疑问都能得到解答。

17.1　Python 与面向对象

Python 是一门面向对象的编程语言。

面向对象是一种程序设计思想。

面向对象编程，是按照现实世界中熟悉的类进行代码中类的编写，类封装了共同的属性和行为。

根据类可以创建具体的对象，对象能够自动具备类定义的属性和行为，还可以赋予对象的个性属性和行为。

好难理解

 我也觉得好难理解。

 不着急，这才刚刚开始，慢慢继续学习。

举个例子：

小溪、小 p、小乐都是人，可以创建一个 Person 类。

共同的属性有：性别、名字、年龄、身高、体重等。

共同的动作有：说、走、睡觉等。

如果对象是具体的人，例如小溪、小 p、小乐都可以称为 Person 类的实例对象。

Python 中所有的数据类型都可以视为对象，也可以自定义类和对象。

接下来先学习类和对象的创建。

17.2　类的创建

如果要定义一个类，语法如下：

class ClassName:

　　语句块

Python 中类的定义使用 class 关键字，class 后面是类的名称，类的名称通常是大写开头的字母。

在定义类之前，首先要想好定义什么类、它们的共同属性是什么、它们的共同动作是什么。

要创建什么类呢?

选择我们最熟悉的人作为类，所以要创建的类是——Person，它代表的是所有的人。

人的共同属性有什么呢?

想想我们平时怎样描述一个人呢?

通常最先想到的肯定是名字，然后是性别、年龄。

那么共同属性就设定为：name、gender、age。

他们的共同动作是什么呢？

人都能说话、走路，那么共同的动作就设定为：speak()、walk()。

创建 Person 类很像在写一篇描述人类的文章，人类的共同特征要怎么描述，人类的共同动作有什么。

接下来就创建 Person 类。

创建一个新的 Python 文件，并且命名为：person.py。

```
'''
创建 Person 类
'''
class Person:
    # 初始化 name,gender,age 属性
    def __init__(self,name,gender,age):
        self.name = name
        self.gender = gender
        self.age = age
    # 定义实例对象的描述
    def __str__(self):
        str = " 我是 %s，性别是 %s，年龄是 %d。" % (self.name,self.gender,self.age)
        return str
    # 定义说话动作
    def speak(self):
        print("%s 在说话。" % self.name)
    # 定义走路动作
    def walk(self):
        print("%s 在走路。" % self.name)
```

这样就创建好了 Person 类，看看是怎么创建的。

1. class Person:

创建类 Person

2.

def __init__(self,name,gender,age):

    self.name = name

    self.gender = gender

    self.age = age

类中定义的函数称为方法。

方法 __init__() 是 Python 中的特殊方法，从它的命名能看出它的特殊性，前后两个下画线 "__"，和普通的方法进行区分，它的作用是对属性进行初始化。当实例化对象时，会自动调用它，不用显示调用。

3.

def __str__(self):

    str = " 我是 %s，性别是 %s，年龄是 %d。" % (self.name,self.gender,self.age)

        return str

方法 __str__() 也是 Python 中的特殊方法。

方法 __str__() 有一个返回值，会返回实例对象的描述，你可以自定义对象的描述。

当使用 print() 函数输出对象时，如果定义了方法 __str__()，会输出方法 __str__() 的返回值。

4.

def speak(self):

    print("%s 在说话。" % self.name)

定义人的说话动作，赋予 Person 类的实例对象说话的能力。

5.

def walk(self):

    print("%s 在走路。" % self.name)

定义人的行走动作，赋予 Person 类的实例对象行走的能力。

我发现 Person 类中的方法的第一个参数都是 self，这是为什么？

这是一个约定，类中的方法的第一个参数被命名为 self。但是在 Python 中，self 并没有特殊的含义，也可以用其他命名代替，但是为了代码能够更好地被其他人理解，会按照约定写成 self。

self 是指当前的实例对象。

当创建实例对象时，会自动传入当前的实例对象，只需传入其他参数即可。

例如：调用 Person 类中的 __init__(self,name,gender,age) 方法，只需传 name、gender、age 3 个参数即可。

Person 类创建好了，但是要怎么使用呢？

Person 类是一个蓝图，如何使用依赖于具体的实例对象。

 我很好奇实例对象是什么？

 Person 类是一个抽象，具体的人如小误、小 p、小乐都可以称为 Person 类的实例对象。接下来学习实例对象的创建。

17.3　实例对象的创建

创建实例对象的语法如下：

实例对象变量名 = className()

 看起来也很简单，但是要怎么使用呢？

 要分两种情况，下面详细介绍。

1.　如果类的定义和使用是在一个 Python 文件中，那么可以直接使用。

例如：

```
'''
创建 Person 类
'''
class Person:
    # 初始化 name,gender,age 属性
    def __init__(self,name,gender,age):
        self.name = name
        self.gender = gender
        self.age = age
    # 定义实例对象的描述
    def __str__(self):
        str = " 我是 %s, 性别是 %s, 年龄是 %d。" % (self.name,self.gender,self.age)
        return str
```

```
        # 定义说话动作
        def speak(self):
            print("%s 在说话。" % self.name)
        # 定义走路动作
        def walk(self):
            print("%s 在走路。" % self.name)


    '''
    使用 Person 类
    '''
    xiaoxi = Person(" 小溪 "," 女 ",11)
    print(xiaoxi)
```

运行程序，结果如下：

我是小溪，性别是女，年龄是11。

程序中，通过 xiaoxi = Person(" 小溪 "," 女 ",11)。

创建了 Person 类的实例对象 xiaoxi。

print(xiaoxi) 打印实例对象 xiaoxi，因为 Person 类中定义 __str__() 方法，所以按照 __str__() 方法的返回值进行打印：我是小溪，性别是女，年龄是 11。

2. 如果类的定义和使用是在不同的 Python 文件中，那么需要将类进行导入后，才能使用。

例如：Person 类定义在 person.py 中，需要在相同目录的 newPerson.py 中使用。

则需要先导入 Person 类，导入方式有两种。

（1）import person 是导入整个 person 模块。

（2）from person import Person 是从 person 模块中导入 Person 类。

在 person.py 的相同目录下，创建一个新的 Python 文件，并且命名为 newPerson.py，写下了如下代码。

代码
```
from person import Person
xiaoxi = Person(" 小溪 "," 女 ",11)
print(xiaoxi)
xiaoxi.speak()

xiaop = Person(" 小 p"," 男 ",12)
print(xiaop)
xiaop.speak()
```

运行程序，结果如下：

```
我是小溪，性别是女，年龄是11。
小溪在说话。
我是小p，性别是男，年龄是12。
小p在说话。
```

 这个输出出乎意料。

 别急，听我慢慢给你解释。

1. from person import Person 是从 person 模块中导入 Person 类。

2. xiaoxi = Person(" 小溪 "," 女 ",11) 是创建 Person 类的实例对象——xiaoxi。

传入了 3 个参数，分别是：" 小溪 "," 女 ",11。

对应的是 __init__() 方法的 3 个入参，对 3 个属性进行初始化：

name：" 小溪 "

gender：" 女 "

age：11

3. print(xiaoxi) 是打印实例对象 xiaoxi，因为 Person 类中定义了 __str__() 方法，所以按照 __str__() 方法的返回值进行打印：我是小溪，性别是女，年龄是 11。

4. xiaoxi.speak() 是调用 speak() 方法使小溪说话。

```
# 定义说话动作
    def speak(self):
        print("%s 在说话。" % self.name)
```

speak() 方法定义中有一个入参 self，调用时也并没有传入，但是 self.name 打印出 " 小溪 "。

因为 Person 类中的方法的第一个入参 self 在调用时都自动将当前的实例对象传入。

5. xiaop = Person(" 小 p"," 男 ",12) 是创建 Person 类的实例对象——xiaop。

传入了 3 个参数，分别是：" 小 p"," 男 ",12。

对应的是 __init__() 方法的 3 个入参，对 3 个属性进行了初始化：

name：" 小 p"

gender：" 男 "

age：12

6. print(xiaop) 是打印实例对象 xiaop，因为 Person 类中定义了 __str__() 方法，所以按照 __str__() 方法的返回值进行打印：我是小 p，性别是男，年龄是 12。

7. xiaop.speak() 是调用 speak() 方法使小 p 说话。

也没有传入 self 参数，但是获取 self.name 的值为："小 p"。

拍博士小总结

学习了类和实例对象的创建，你觉得类的使用有什么好处呢？

17.4　实例对象属性的访问和修改

我感觉类就像是一个遥控器，例如，我想开电视，电视遥控器的开关键能帮助我，我只要找到开关键并且按下它就做到了。

我想换台，电视遥控器的换台键能帮助我，我只要找到电视遥控器的换台键并且按下它即可。

类也是一样，比如 Person 类提供了说话和走路的功能，当创建了类的实例，要使用说话和走路的功能直接调用相应的方法即可。

你说得对，类还能提供方法来获取属性或者修改属性。例如，Person 类提供获取 age 属性的方法和修改 age 属性的方法，供外部调用。

这个叫作类的封装性，将属性和动作都封装在类和对象中。

如果类不想属性被获取或者修改，类也有办法限制外部修改。一起来看看吧！

接下来在 Person 类中增加获取 age 属性的方法和修改 age 属性的方法。

创建 Person 类

```
class Person:
    # 初始化 name,gender,age 属性
    def __init__(self,name,gender,age):
        self.name = name
        self.gender = gender
        self.age = age
    # 获取 age 属性
    def getAge(self):
        return self.age
    # 修改 age 属性
    def setAge(self,age):
        if(age > 0):
            self.age = age
```

在 Person 类中，增加了两个方法：getAge() 方法和 setAge() 方法。

def getAge(self):

    return self.age

入参为 self，返回值为年龄，通过它获取年龄。

setAge() 方法。

修改 age 属性

  def setAge(self,age):

  if(age > 0):

    self.age = age

首先对于入参进行检验，只有当入参 age > 0 时，才对年龄属性进行修改。

这就是把修改年龄属性方法放在 Person 类中的好处，能够控制年龄属性修改的逻辑。

在 newPerson.py 中使用 getAge() 方法和 setAge() 方法。

```
from person import Person
xiaoxi = Person(" 小溪 "," 女 ",11)
print(" 小溪的年龄为 %s。" % xiaoxi.getAge())
# 过了两年，小溪长大了，修改小溪的年龄为 13 岁
xiaoxi.setAge(13)
print(" 小溪的年龄为 %s。" % xiaoxi.getAge())
```

运行程序，结果如下：

```
小溪的年龄为11。
小溪的年龄为13。
```

1. from person import Person 是从 person 模块中导入 Person 类。

2. xiaoxi = Person(" 小溪 "," 女 ",11) 是创建 Person 类的实例对象：xiaoxi。

3. print(" 小溪的年龄为 %s。" % xiaoxi.getAge()) 是调用 getAge() 方法获取年龄。

4. xiaoxi.setAge(13) 是调用 setAge() 方法修改年龄属性。

5. print(" 小溪的年龄为 %s。" % xiaoxi.getAge()) 是年龄属性修改成功，调用 xiaoxi.getAge() 获取新的年龄属性。

 如果我修改的年龄是 -1，程序结果是什么呢？

 一起来试试吧！

```
from person import Person
xiaoxi = Person(" 小溪 "," 女 ",11)
print(" 小溪的年龄为 %s。" % xiaoxi.getAge())
# 修改小溪的年龄
xiaoxi.setAge(-1)
print(" 小溪的年龄为 %s。" % xiaoxi.getAge())
```

运行程序，结果如下：

小溪的年龄为11。
小溪的年龄为11。

你会发现，调用 setAge() 方法后，小溪的年龄还是 11，这是因为当传入的 age < 0 时，年龄属性会修改失败。

 实例对象.属性名称 = 属性值的方式也许能修改成功。

```
from person import Person
xiaoxi = Person(" 小溪 "," 女 ",11)
print(" 小溪的年龄为 %s。" % xiaoxi.getAge())
```

```
# 修改小溪的年龄
xiaoxi.age = -1
print(" 小溪的年龄为 %s。" % xiaoxi.getAge())
```

运行程序，结果如下：

小溪的年龄为11。
小溪的年龄为-1。

这种方式确实能修改成功，但是这样的话，外部代码就能很自由地修改对象的属性。

 那我要限制属性被外部自由地访问和修改，只能通过我提供的方法进行修改，要怎么办呢？

 那你可以将属性设置为私有属性，在变量的前面加上两个下画线 "__"。

Person.py

```
'''
创建 Person 类
'''
class Person:
    # 初始化 name,gender,age 属性
    def __init__(self,name,gender,age):
        self.name = name
        self.gender = gender
        self.__age = age
    # 获取 age 属性
    def getAge(self):
        return self.__age
    # 修改 age 属性
    def setAge(self,age):
        if(age > 0):
            self.__age = age
```

 小溪，你再试试使用你刚刚的方式修改 age 属性。

newPerson.py

```
from person import Person
xiaoxi = Person(" 小溪 "," 女 ",11)
print(" 小溪的年龄为 %s。" % xiaoxi.getAge())
# 修改小溪的年龄
xiaoxi.__age = −1
print(" 小溪的年龄为 %s。" % xiaoxi.getAge())
xiaoxi.setAge(13)
print(" 小溪的年龄为 %s。" % xiaoxi.getAge())
```

运行程序，结果如下：

小溪的年龄为11。
小溪的年龄为11。
小溪的年龄为13。

我发现使用实例对象 . 属性名称 = 属性值的方式进行属性值的修改好像不成功。

程序中：

xiaoxi.__age = -1 对私有属性 __age 属性进行修改失败了，因为打印出的年龄还是 11。

xiaoxi.setAge(13) 调用 Person 类的 setAge() 属性对 age 属性进行修改，成功了，因为打印出的年龄还是 13。

所以当你创建了一个类，不想让外界随便地修改属性值，你可以使用私有属性。

17.5　谈谈类的继承

在面向对象程序设计中，创建一个类时，可以继承已有的类，就能拥有它的所有属性和动作。

新的类称为子类，被继承的类被称为父类或者基类。

举个继承的例子：

小朋友们对于动物园应该很熟悉，那么对于下面的继承关系也不会陌生。

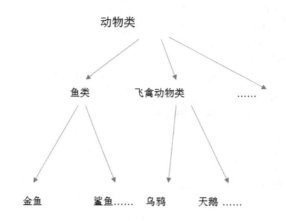

创建父类——动物类

经分析，动物类的共同属性都具有名称，共同的方法是说话。

animal.py

```
'''
创建父类：动物类
'''

class Animal:
    def __init__(self,name):
        self.name = name

    def walk(self):
        print("%s 在行走。" % self.name)
```

创建了父类：Animal 类。

共同的属性是名称。

共同的动作是行走。

创建动物类的子类——鱼类

fish.py

```
'''
创建子类：鱼类
'''
```

```
class Fish(Animal):
    def __init__(self,name,inOcean):
        # 继承父类的 __init__() 方法
        Animal.__init__(self,name)
        # 增加 inOcean 属性，表示是否海水中生存
        self.inOcean = inOcean
```

1. **class Fish(Animal):** 创建了鱼类子类——Fish，继承了动物类——Animal。

2.

def __init__(self,name,inOcean):

> # 继承父类的 __init__() 方法

> Animal.__init__(self,name)

> # 增加 inOcean 属性，表示是否海水中生存

> self.inOcean = inOcean

定义 __init__() 方法，继承了父类的 __init__() 方法。

增加属于鱼类的特殊的 inOcean 属性，表示是否海水中生存。

创建动物的子类——飞禽类

bird.py

```
'''
创建子类：飞禽动物类
'''
class Bird(Animal):
    def __init__(self,name,featherColor):
        # 继承父类的 __init__() 方法
        Animal.__init__(self,name)
        # 羽毛的颜色
        self.featherColor = featherColor
```

1. **class Bird(Animal):** 创建了 Animal 类的子类：飞禽动物类——Bird。

2.

def __init__(self,name,featherColor):

> # 继承父类的 __init__() 方法

> Animal.__init__(self,name)

```
         # 羽毛的颜色
         self.featherColor = featherColor
```

定义 __init__() 方法，继承父类的 __init__() 方法。

增加了属于飞禽类的特殊的 featherColor 属性，表示飞禽类羽毛的颜色。

父类和子类都创建好了，接下来一起见识继承的好处。

使用时可以将代码继续写在 animal.py 中，也可以写在不同的 Python 文件中。

在 animal.py 相同的目录下新建 animalTest.py。

```
from animal import Fish
from animal import Bird
shark = Fish(" 鲨鱼 ",True)
shark.walk()
pigeon = Bird(" 白鸽 "," 白色 ")
pigeon.walk()
```

运行程序，结果如下：

鲨鱼在行走。
白鸽在行走。

Fish 类和 Bird 类是 Animal 的子类，Animal 类中定义了 walk() 方法，Fish 类和 Bird 类中没有扩展 walk() 方法，所以都继承了 Animal 类的 walk() 方法。

shark = Fish(" 鲨鱼 ",True)

shark.walk()

Fish 类中没有扩展 walk() 方法，继承了 Animal 类的 walk() 方法。

当 Fish 类的实例对象 shark 调用 walk() 方法时，调用的是 Animal 类的 walk() 方法，打印出：鲨鱼在行走。

pigeon = Bird(" 白鸽 "," 白色 ")

pigeon.walk()

Bird 类中没有扩展 walk() 方法，继承了 Animal 类的 walk() 方法。

当 Bird 类的实例对象 pigeon 调用 walk() 方法时，调用的是 Animal 类的 walk() 方法，打印出：白鸽在行走。

如果在子类中扩展了父类的方法，那么子类调用的是子类扩展的方法。

在 Fish 类中扩展父类的 walk() 方法看看效果。

fish.py

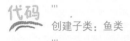

```
'''
创建子类：鱼类
'''
class Fish(Animal):
    def __init__(self,name,inOcean):
        # 继承父类的 __init__() 方法
        Animal.__init__(self,name)
        # 增加 inOcean 属性，表示是否海水中生存
        self.inOcean = inOcean
    def walk(self):
        if self.inOcean:
            print("%s 在海水中游来游去。" % self.name)
        else:
            print("%s 在淡水中游来游去。" % self.name)
```

Fish 类继承并且扩展了 Animal 父类的 walk() 方法，
再次运行 animalTest.py：

```
from animal import Fish
from animal import Bird

shark = Fish(" 鲨鱼 ",True)
shark.walk()
pigeon = Bird(" 白鸽 "," 白色 ")
pigeon.walk()
```

运行程序，结果如下：

鲨鱼在海水中游来游去。
白鸽在行走。

Fish 类和 Bird 类是 Animal 的子类，Animal 类中定义了 walk() 方法。

shark = Fish(" 鲨鱼 ",True)

shark.walk()

Fish 类中扩展了 walk() 方法，当 Fish 类的实例对象 shark 调用 walk() 方法时，调用
的是 Fish 类扩展的 walk() 方法，打印出：鲨鱼在海水中游来游去。

pigeon = Bird(" 白鸽 ", " 白色 ")

pigeon.walk()

Bird 类中没有扩展 walk() 方法，继承了 Animal 类的 walk() 方法。

当 Bird 类的实例对象 pigeon 调用 walk() 方法时，调用的是 Animal 类的 walk() 方法，打印出：白鸽在行走。

（你感受到继承的好处了吗？）

17.6　类与对象小挑战

小溪和小 p 今天学习了博大精深的类与对象，小朋友们，你们都学会了吗?

一起来参与 Python 星球的类与对象小挑战吧!

我的小勇士，我相信你是最棒的!

请完成下面的考验。

1. 创建一个学生类：Student，并且属性有：姓名 (name)、年龄 (age)、班级 (grade)，类中定义 __str__() 方法，按照"我是一名学生，我叫 xx，年龄是 xx 岁，班级是 xx。"的格式描述实例对象。

2. 创建两个 Student 类的实例对象：

sunny，8 岁，3 年级

heby，10 岁，5 年级

并且打印出它们的描述。

3. 创建父类：Person 类，定义的属性有 name、age、workplace，定义一个共同的方法：work()，打印出：name 在工作

定义一个老师子类：Teacher 类继承 Person 类，继承父类的属性，扩展 work() 方法，打印出：name 在 workplace 教书。

定义一个医生子类：Doctor 类继承 Person 类，继承父类的属性，扩展 work() 方法，打印出：

name 在 workplace 治病。

创建老师类和医生类的实例对象：

Bobo，30 岁，小学

Make，32 岁，人民医院

并且都调用 work() 方法。

完成考验，请核对：

1.

代码
```
class Student:
    def __init__(self,name,age,grade):
        self.name = name
        self.age = age
        self.grade = grade
    def __str__(self):
        str ="我是一名学生，我叫 %s，年龄是 %s 岁，班级是 %s。" % (self.name,self.age,self.grade)
        return str
```

2.

代码
```
class Student:
    def __init__(self,name,age,grade):
        self.name = name
        self.age = age
        self.grade = grade
    def __str__(self):
        str = "我是一名学生，我叫 %s，年龄是 %s 岁，班级是 %s。" % (self.name,self.age,self.grade)
        return str


sunny = Student('sunny',8,'三年级')
heby = Student('heby',12,'五年级')
print(sunny)
print(heby)
```

运行程序，结果如下：

```
我是一名学生，我叫sunny，年龄是8岁，班级是三年级。
我是一名学生，我叫heby，年龄是12岁，班级是五年级。
```

3.

```
class Person:
    def __init__(self,name,age,workplace):
        self.name = name
        self.age = age
        self.workplace = workplace

    def work(self):
        print("%s 在工作。" % self.name)

class Teacher(Person):
    def work(self):
        print("%s 在 %s 教书。" % (self.name,self.workplace))

class Doctor(Person):
    def work(self):
        print("%s 在 %s 治病。" % (self.name,self.workplace))


Bobo = Teacher('Bobo','30',' 小学 ')
Make = Doctor('Make','32',' 人民医院 ')
Bobo.work()
Make.work()
```

运行程序，结果如下：

```
Bobo在小学教书。
Make在人民医院治病。
```

## 第 18 章

一起捉 bug

翻开拍博士秘籍

在 Python 的编程之旅中，你最头疼的是什么？

想象一个场景：你洋洋洒洒地写好了程序，很满足很开心，单击运行，很期待程序的效果。但是这个时候，你并没有看到期待的程序效果，而是看到了一串错误。

再想象一个场景：你成就感满满地将你写好的程序给你的小伙伴们体验，小伙伴玩着玩着，程序突然终止了，然后跳出一串看不懂的错误。

这就是程序员经常说的 bug。它令程序不能正常运行，异常终止。

但是 Python 很聪明，它能捉住 bug，并且不让 bug 使得程序终止。它能处理 bug，使程序还能正常运行。是不是很想知道 Python 是怎样捉 bug 的，一起来看看吧！

18.1　先来看看 bug

先来看一个程序：

```
num1 = int(input(" 请输入第一个数字："))
num2 = int(input(" 请输入第二个数字："))
res = num1 / num2
print(" 两个数字相除的结果是：", res)
```

运行程序，如果 num1 = 8，num2 =0，来看看程序的结果：

```
请输入第一个数字: 8
请输入第二个数字: 0
Traceback (most recent call last):
  File "/Applications/Documents/Python/1.py", line 3, in <module>
    res = num1 / num2
ZeroDivisionError: division by zero
```

程序出现了错误，从程序的报错，能知道的信息如下。

1. 在程序的第 3 行出现了错误。

2. 出现错误的代码是：res = num1 / num2。

3. ZeroDivisionError 是异常对象，显示异常的类型。

作为数学很棒的我们也知道除数不能为 0，所以很清楚程序报错的原因。

但是这个程序，如果在遇到错误时，能告诉我除数不能为 0，而不是直接终止，我觉得会更好。Python 捉 bug 的技能可以帮助我们。

18.2　Python 如何捉 bug

Python 是如何捉 bug 的呢？

Python 捉 bug 的技能有一个专业名词叫作异常处理机制。接下来看看 Python 都是用什么法宝来对异常进行处理的。

先来认识第一个法宝：try/except 语句。

Python 提供了 try/except 语句来检测 try 语句块中的错误，从而让 except 语句捕获异常信息并处理。

如果不想程序在发生异常时就终止，则可以使用 try/except 语句。

接下来我们使用 try/except 语句来捉住除数不能为 0 的程序中的 bug。

代码
```python
try:
    num1 = int(input("请输入第一个数字："))
    num2 = int(input("请输入第二个数字："))
    res = num1 / num2
    print("两个数字相除的结果是：", res)
except ZeroDivisionError:
    print("注意：输入错误，除数不能为 0。")
```

运行程序，结果如下：

```
请输入第一个数字：8
请输入第二个数字：0
注意：输入错误，除数不能为0。
```

通过 try/except 语句成功地捉到 ZeroDivisionError 异常，程序没有异常终止，而是给出了友好的提示：注意：输入错误，除数不能为 0。

try/except 语句好厉害，它是怎么做到的。

try/except 语句捕捉异常玄机如下。
1. 程序会正常执行 try 和 except 之间的代码。
2. 如果没有异常发生，那么就会跳过 except 关键字后面的代码。
3. 如果在执行 try 和 except 之间的代码时发生了异常，那么剩下的代码会被跳过（例如，程序中的 print(" 两个数字相除的结果是：", res)），然后对比 except 关键字后面的异常类型。如果能匹配上，也就是说捕捉到的异常是同一种类型或者是它的子类，则执行 except 关键字后面的代码；如果没有匹配上，那么捕捉异常就失败了。
来看一个异常捕捉失败的例子。

```
try:
    num1 = int(input(" 请输入第一个数字："))
    num2 = int(input(" 请输入第二个数字："))
    res = num1 / num2
    print(" 两个数字相除的结果是：", res)
except ZeroDivisionError:
    print(" 注意：输入错误，除数不能为 0。")
```

运行程序，如果 num1 = m，num2 = n，程序会如何反应呢？

```
请输入第一个数字: m
Traceback (most recent call last):
  File "/Applications/Documents/Python/1.py", line 2, in <module>
    num1 = int(input("请输入第一个数字: "))
ValueError: invalid literal for int() with base 10: 'm'
```

程序中明明捕捉了异常，为什么程序还是发生异常？

在 Python 中，异常的种类很多，程序中仅仅捕捉了 ZeroDivisionError 异常，但是这次的异常是 ValueError。所以接下来程序中还要捕捉 ValueError 异常。

```
try:
    num1 = int(input(" 请输入第一个数字："))
    num2 = int(input(" 请输入第二个数字："))
    res = num1 / num2
```

```
        print(" 两个数字相除的结果是: ", res)
    except ZeroDivisionError:
        print(" 注意: 输入错误, 除数不能为 0。")
    except ValueError:
        print(" 注意: 输入错误, 不能输入字母, 请输入数字。")
```

运行程序, 结果如下:

> 请输入第一个数字: m
> 注意: 输入错误, 不能输入字母, 请输入数字。

通过 try/except/except 捕获两种异常: ZeroDivisionError 异常和 ValueError 异常。所以如果有多种异常, except 子句可以有多个。但是最多只会执行一个 except 子句。

这种写法有点烦琐, 有一种更加简单的写法。

```
代码  try:
        num1 = int(input(" 请输入第一个数字: "))
        num2 = int(input(" 请输入第二个数字: "))
        res = num1 / num2
        print(" 两个数字相除的结果是: ", res)
    except (ZeroDivisionError,ValueError):
        print(" 注意: 输入错误。")
```

运行程序, 结果如下:

当 num1 = m

> 请输入第一个数字: m
> 注意: 输入错误。

当 num1 = 8, num2=0:

> 请输入第一个数字: 8
> 请输入第二个数字: 0
> 注意: 输入错误。

except (ZeroDivisionError,ValueError):

指定了两种可以捕捉的异常。

但是有一个问题就是: 当发生了两种异常时, 都提示输入错误, 不能明确地知道错误在哪里。

代码

```
try:
    num1 = int(input(" 请输入第一个数字： "))
    num2 = int(input(" 请输入第二个数字： "))
    res = num1 / num2
    print(" 两个数字相除的结果是： ", res)
except (ZeroDivisionError,ValueError) as e:
    print(" 注意：输入错误： ",e)
```

运行程序，结果如下：

当 num1 = m

```
请输入第一个数字: m
注意: 输入错误:  invalid literal for int() with base 10: 'm'
```

当 num1 = 8，num2 = 0

```
请输入第一个数字: 8
请输入第二个数字: 0
注意: 输入错误:  division by zero
```

程序中，except (ZeroDivisionError,ValueError) as e: 通过 as 将异常类的实例对象命名为 e，然后打印出异常的内容。

 如果我的程序有很多异常，我要写很多个异常类才能捕捉到它们，有没有一个异常类能捕捉全部的异常？

 有的，但是我们要先来了解异常类，这样你就会豁然开朗了。

 拍 博 士 课 堂

先来了解异常类。

在 Python 中，异常可以分为两种：内置异常和用户自定义异常。

先来看看内置异常的继承树：

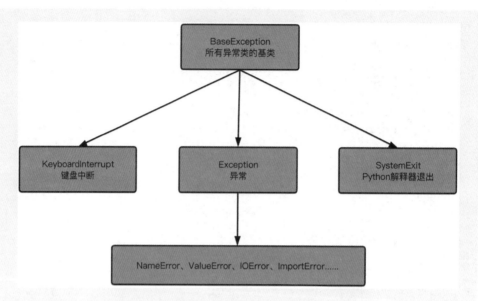

BaseException 所有异常的基类。所以通过 BaseException 就能捕捉到所有的异常。

Exception 常规错误的基类。

BaseException 它不应该被用户自定义类直接继承，所以，如果要自定义异常类要继承 Exception。

上面程序捕捉的 ValueError 异常和 ZeroDivisionError 异常都是 BaseException 和 Exception 的子类。

通过上面的学习，我们就找到万能异常类来捉 bug 了。

代码

```
try:
    num1 = int(input(" 请输入第一个数字："))
    num2 = int(input(" 请输入第二个数字："))
    res = num1 / num2
    print(" 两个数字相除的结果是：", res)
except Exception as e:
    print(" 捉到了一个 bug:",e)
```

运行程序，看看效果：

当 num1 = m

```
请输入第一个数字: m
捉到了一个bug: invalid literal for int() with base 10: 'm'
```

当 num1 = 8，num2 = 0

```
请输入第一个数字: 8
请输入第二个数字: 0
捉到了一个bug: division by zero
```

通过 except Exception as e:

一下把两个 bug 都捉住了，真是事半功倍。

但是，如果需要对不同的异常做出不同的反应，那么这种方式就不适用了，只能乖乖地一个 bug 一个 bug 地捉了。

 小 p，拓博士课堂说：还可以自定义异常类，你会吗？

 在前面的内容中，我们学习过类的知识，我感觉它现在就要发挥作用了。

接下来就试试自定义一个异常类。

先确定要定义什么异常类：我想要限制程序输入的除数和被除数都不能小于 0。那我就定义一个 LessThanZeroException 异常类。

LessThanZeroException 异常类的属性包括 message，异常内容。

```
class LessThanZeroException(Exception):
    def __init__(self,message):
        self.message = message
    def __str__(self):
        print(self.message)
```

LessThanZeroException 异常类定义好了，那要怎么用呢？

 Python 提供了 raise 关键字来抛出指定的异常，可以是内置异常，也可以是自定义异常。接下来我们使用它来抛出自定义异常。

```
class LessThanZeroException(Exception):
    def __init__(self,message):
        self.message = message
    def __str__(self):
        return self.message

try:
```

```
        num1 = int(input(" 请输入第一个数字："))
        num2 = int(input(" 请输入第二个数字："))
        if num1 < 0 or num2 < 0:
            raise LessThanZeroException(' 请输入大于 0 的数字。')
        res = num1 / num2
        print(" 两个数字相除的结果是：", res)
    except Exception as e:
        print(" 捉到了一个 bug:",e)
```

运行程序，结果如下：

```
请输入第一个数字： -2
请输入第二个数字： -9
捉到了一个bug： 请输入大于0的数字。
```

程序中，

　　if num1 < 0 or num2 < 0:

　　　　raise LessThanZeroException(' 请输入大于 0 的数字。')

当检测到 num1 < 0 或者 num2 < 0，通过 raise LessThanZeroException(' 请输入大于 0 的数字。') 抛出了自定义异常，并且指定 message 为请输入大于 0 的数字。

当 num1 = -2，num2 = -9，if 条件语句中的【num1 < 0 or num2 < 0】为 True，所以抛出了 LessThanZeroException 异常，被 except Exception as e: 捕捉到，所以输出：捉到了一个 bug: 请输入大于 0 的数字。

代码优化：

有时候，完成代码只是第一步，作为一个 coder，应该学会对代码进行优化，让自己写出的代码更加优雅，更加通俗易懂。

 try ... except 语句有一个可选的 else 子句，在使用时要求被放在所有的 except 子句后面。try 子句是可能会引发异常的代码，如果依赖于 try 子句成功执行的代码，我们可以放在 else 子句后面。

所以可以改造程序。

```
try:
        num1 = int(input(" 请输入第一个数字："))
        num2 = int(input(" 请输入第二个数字："))
        res = num1 / num2
    except Exception as e:
        print(" 捉到了一个 bug:",e)
    else:
        print(" 两个数字相除的结果是：", res)
```

运行程序，结果如下：

num1 =9 ，num2 = 3，程序正常执行：

> 请输入第一个数字：9
> 请输入第二个数字：3
> 两个数字相除的结果是： 3.0

num1= 8，num2 = 0 ，程序发生异常：

> 请输入第一个数字：8
> 请输入第二个数字：0
> 捉到了一个bug: division by zero

程序中，

将可能会发生异常的代码：

num1 = int(input(" 请输入第一个数字："))

num2 = int(input(" 请输入第二个数字："))

res = num1 / num2

放到 try 子句中，

将依赖于 try 子句的成功执行才会执行的代码：

将 print(" 两个数字相除的结果是：", res)

放到 else 子句中。

除了 else 语句，try 语句还有一个可选的子句，那就是 finally 子句。你可能听过很多次这个名字。它用于定义在程序正常执行和捕捉到异常的情况下，都必须要执行的清理操作，例如后面的章节会学习到的关闭文件操作。

假设除法程序，无论正常执行和捕捉到异常，都要打印出：感谢使用除法程序。

代码

```
try:
    num1 = int(input(" 请输入第一个数字："))
    num2 = int(input(" 请输入第二个数字："))
    res = num1 / num2
except Exception as e:
    print(" 捉到了一个 bug:",e)
else:
    print(" 两个数字相除的结果是：", res)
finally:
    print(" 感谢使用除法程序。")
```

运行程序，结果如下。

当 num1 = 8，num2 = 4，程序正常运行：

```
请输入第一个数字: 8
请输入第二个数字: 4
两个数字相除的结果是: 2.0
感谢使用除法程序。
```

当 num1 = 8，num2 = 0，捕捉到异常：

```
请输入第一个数字: 8
请输入第二个数字: 0
捉到了一个bug: division by zero
感谢使用除法程序。
```

你会发现，无论是正常执行还是发生了异常，都执行 finally 子句。

 这都是发生了异常来捕捉异常，那么有没有什么办法能减少程序的 bug 呢？

 接下来看 Python 有没有好招把 bug 消灭在萌芽阶段。

18.3 把 bug 消灭在萌芽阶段

要把 bug 消灭在萌芽阶段，就需要对我们写的代码进行测试。测试就是设定各种可能的场景，验证程序都能预期地执行。代码总是会存在 bug，所以测试是必不可少的。

那么要怎么对代码进行测试呢？

Python 提供了 unittest 模块来对代码进行测试。先准备一段代码，接下来对这段代码进行测试。

定义一个通讯录类，提供增加、修改、查询通讯录等功能。创建 contact.py 文件。

```python
class Contact:
    def __init__(self,contacts):
        self.contacts = contacts

    def add(self,name,phone):
        if len(phone) > 11:
            raise ValueError(" 电话号码应该等于 11 位。")
        self.contacts[name] = phone

    def modify(self,name,phone):
```

```
            self.contacts[name] = phone

        def delete(self,name):
            del self.contacts[name]

        def search(self,name):
            return  self.contacts[name]

        def getAll(self):
            for kv in self.contacts.items():
                print(kv)

        def getContacts(self):
            return self.contacts

        def setContacts(self):
            self.contacts = contacts
```

接下来，对通讯录类进行测试。

先对 add() 方法进行测试。

测试之前，要先列举测试用例，也就是说要测试的场景有哪些。

1. 往通讯录中添加新记录能添加成功。

2. 校验添加记录的内容，电话号码都是 11 位，如果添加的 phone 的位数不是 11 位，应该提示：电话号码应该等于 11 位。

3. 当通讯录中存在相同的 key，这时应该提示：通讯录中已经存在此记录，请修改原记录。

接下来编写测试用例。

为了更加直观，我们创建一个新文件，专门放测试的代码。创建 test_contact.py 文件。

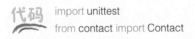

```
import unittest
from contact import Contact

class TestContact(unittest.TestCase):
    ''' 针对 Contact 类的测试 '''

    def testFirstAdd(self):
        '''
测试：往通讯录中添加新记录能添加成功。
        '''
```

```
            emptyContact = Contact({})
            emptyContact.add(' 小 p','1597068xxxx')
            self.assertTrue(len(emptyContact.getContacts()),1)
            self.assertTrue(emptyContact.getContacts()[' 小 p'],'1597068xxxx')


        def testPhoneLenError(self):
            '''
            测试：校验添加的新记录的电话号码的长度为 11 位
            '''

            emptyContact = Contact({})
            with self.assertRaisesReg ex(ValueError,' 电话号码应该等于 11 位。'):
                emptyContact.add(' 小 p','1597068xxxxxx')
    unittest.main()
```

运行 test_contact.py，结果如下：

```
    ..
    ----------------------------------------------------------------------
    Ran 2 tests in 0.030s

    OK
```

程序结果显示，执行了 2 个测试，然后执行时间是 0.03s，执行结果为 OK。

程序中，

import unittest

from contact import Contact

首先导入了 unittest 测试模块，然后导入了要进行测试的 Contact 类。

class TestContact(unittest.TestCase):

创建了 TestContact 类，继承 unittest.TestCase 类。

  def testFirstAdd(self):

'''

测试：往通讯录中添加新记录能添加成功。

'''

    emptyContact = Contact({})

    emptyContact.add(' 小 p', '1597068xxxx')

    self.assertTrue(len(emptyContact.getContacts()),1)

    self.assertTrue(emptyContact.getContacts()[' 小 p'], '1597068xxxx')

testFirstAdd() 方法，测试第一个场景：往通讯录中添加新记录能成功。

你会发现测试方法 testFirstAdd() 是以 test 开头的，只有以 test 开头的方法才会被认为是测试方法，测试时才会执行。

emptyContact = Contact({})

创建了 Contact 类的实例对象 emptyContact。

emptyContact.add(' 小 p', '1597068xxxx')

调用了 add() 方法将 key：' 小 p',value：'1597068xxxx' 加入通讯录中。

self.assertTrue(len(emptyContact.getContacts()),1)

len(emptyContact.getContacts()) 获取通讯录中记录的数量。

通过 self.assertTrue(len(emptyContact.getContacts()),1) 验证通讯录中记录的数量是否为 1，如果是，则测试通过；如果不是，则测试不通过。

assertTrue 称为断言方法，在 unittest.TestCase 类中提供了很多断言方法，见下表。

断言方法	功能
assertTrue（a，b）	校验 a == b
assertNotEqual(a, b)	校验 a != b
assertTrue(x)	校验 x 是否为 True
assertFalse(x)	校验 x 是否为 False
assertIn(a, b)	校验 a 在 b 中
assertNotIn(a, b)	校验 a 不在 b 中
with self.assertRaises(SomeException): 　do_something()	校验当执行 do_something() 时，是否跑出 SomeException 异常
with self. assertRaisesRegex (SomeException): 　do_something()	校验当执行 do_something() 时，是否跑出 SomeException 异常，并且用正则表达式匹配异常信息

```
def testPhoneLenError(self):
    ''' 测试：校验添加的新记录的电话号码的长度为 11 位 '''
    emptyContact = Contact({})
    with self.assertRaisesRegex(ValueError, ' 电话号码应该等于 11 位。'):
        emptyContact.add(' 小 p','1597068xxxxxx')
```

定义 testPhoneLenError() 方法校验添加的新记录的电话号码的长度为 11 位。

注意：testPhoneLenError() 也是也是 test 开头。

emptyContact = Contact({})

创建 Contact 类的实例对象

with self.assertRaisesRegex(ValueError, ' 电话号码应该等于 11 位。'):

　　emptyContact.add(' 小 p', '1597068xxxxxx')

当执行 emptyContact.add(' 小 p', '1597068xxxxxx') 时，是否抛出 ValueError 异常。

因为电话号码：'1597068xxxxxx' 是 13 位的，超过了 11 位，按照程序逻辑会抛出 ValueError 异常，并且异常信息是：电话号码应该等于 11 位，所以验证通过。

unittest.main()

运行写好的测试代码

从执行结果来看，两个测试的场景都是通过的，未通过的场景是怎样的呢？

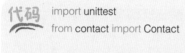

```python
import unittest
from contact import Contact

class TestContact(unittest.TestCase):
    ''' 针对 Contact 类的测试 '''

    def testFirstAdd(self):
        ''' 测试：往通讯录中添加新记录能添加成功。'''
        emptyContact = Contact({})
        emptyContact.add(' 小 p','1597068xxxx')
        self.assertTrue(len(emptyContact.getContacts()),1)
        self.assertTrue(emptyContact.getContacts()[' 小 p'],'1597068xxxx')

    def testPhoneLenError(self):
        ''' 测试：校验添加的新记录的电话号码的长度为 11 位 '''
        emptyContact = Contact({})
        with self.assertRaisesRegex(ValueError,' 电话号码应该等于 11 位。'):
            emptyContact.add(' 小 p','1597068xxxxxx')

    def testNameIsIn(self):
        ''' 测试：校验添加的新记录的 name 已经存在通讯录中 '''
        emptyContact = Contact({})
        emptyContact.add(' 小 p','1597068xxxx')
        with self.assertRaisesRegex(ValueError,' 通讯录中已经存在此记录，请修改原记录。'):
            emptyContact.add(' 小 p','1597068xxxx')

unittest.main()
```

运行程序，结果如下：

```
.F.
======================================================================
FAIL: testNameIsIn (__main__.TestContact)
测试：校验添加的新纪录的name已经存在通讯录中
----------------------------------------------------------------------
Traceback (most recent call last):
  File "/Applications/Documents/Python/test_contact.py", line 26, in testNameIsIn
    emptyContact.add('小P','1597068xxxx')
AssertionError: ValueError not raised

----------------------------------------------------------------------
Ran 3 tests in 0.060s

FAILED (failures=1)
```

程序结果显示：运行了 3 个测试，其中 testNameIsIn() 方法测试失败，原因是没有抛出 ValueError 异常。

测试不通过，说明代码有问题，就要检查代码。如果确实有问题，则要对代码进行修改。

查看 add() 方法，没有对 name 已经存在通讯录中这种情况进行校验，接下来对 contact.py 中的 add() 方法代码进行修改。

代码

```python
class Contact:
    def __init__(self,contacts):
        self.contacts = contacts

    def add(self,name,phone):
        if len(phone) != 11:
            raise ValueError("电话号码应该等于 11 位。")
        if name in self.contacts:
            raise ValueError("通讯录中已经存在此记录，请修改原记录。")
        self.contacts[name] = phone

    def modify(self,name,phone):
        self.contacts[name] = phone

    def delete(self,name):
        del self.contacts[name]

    def search(self,name):
        return  self.contacts[name]

    def getAll(self):
        for kv in self.contacts.items():
            print(kv)
```

```
        def getContacts(self):
            return self.contacts

        def setContacts(self):
            self.contacts = contacts
```

保存 contact.py，然后再运行 test_contact.py 测试文件，程序结果如下：

```
...
----------------------------------------------------------------------
Ran 3 tests in 0.048s

OK
```

3 个测试方法都测试通过了。

测试能帮助我们发现程序存在的 bug，不断地完善程序；还有一个好处是：当你对程序进行修改时，只需运行测试类，就能知道修改的代码是否影响之前的程序功能。

在 test_contact.py 中，三个测试方法在进行测试之前都创建了 Contact 类的实例对象，我们可以对它进行优化，在 unittest.TestCase 类中提供了 setUp() 和 tearDown() 方法，可以对测试测试开始前与完成后需要执行的动作进行设置。在 test_contact.py 测试之前需要创建 Contact 类的实例对象，所以我们可以将创建 Contact 的实例对象写在 setUp() 方法中。接下来对 test_contact.py 中的代码进行修改。

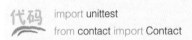

```
import unittest
from contact import Contact

class TestContact(unittest.TestCase):
    ''' 针对 Contact 类的测试 '''
    def setUp(self):
        self.emptyContact = Contact({})

    def testFirstAdd(self):
        ''' 测试：往通讯录中添加新记录能添加成功。'''
        self.emptyContact.add(' 小 p','1597068xxxx')
        self.assertTrue(len(self.emptyContact.getContacts()),1)
        self.assertTrue(self.emptyContact.getContacts()[' 小 p'],'1597068xxxx')

    def testPhoneLenError(self):
        ''' 测试：校验添加的新记录的电话号码的长度为 11 位 '''
        with self.assertRaisesRegex(ValueError,' 电话号码应该等于 11 位。'):
```

```
        self.emptyContact.add(' 小 p','1597068xxxxxx')

    def testNameIsIn(self):
        '''' 测试：校验添加的新记录的 name 已经存在通讯录中 '''
        self.emptyContact.add(' 小 p','1597068xxxx')
        with self.assertRaisesRegex(ValueError,' 通讯录中已经存在此记录，请修改原记录。'):
            self.emptyContact.add(' 小 p','1597068xxxx')

unittest.main()
```

运行程序，结果如下：

```
...
------------------------------------------------------------
Ran 3 tests in 0.064s
OK
```

> 拍博士，有了测试我们的代码是不是从此就没有 bug 了。

> 那就要看你的测试场景覆盖的是否全面，测试只是其中的一种手段。在以后的 Python 探索之旅中，随着写的代码越来越多，解决的 bug 也越来越多，你还会积累很多预防和解决 bug 的方法，最主要的是你要学会看 Python 的报错，看懂了报错，解决 bug 会事半功倍。

18.4　捉 bug 小挑战

小溪和小 p 今天学习了捉 bug，小朋友们，你们都学会了吗?
一起来参与 Python 星球的捉 bug 小挑战吧！

我的小勇士，我相信你是最棒的！
请完成下面的考验。

1．比大小。

```
num1 = int(input(" 请输入第一个数字："))
num2 = int(input(" 请输入第二个数字："))
if num1 > num2:
    print("%d 大于 %d。" % (num1,num2))
elif num1 < num2:
    print("%d 小于 %d。" % (num1,num2))
else:
print("%d 等于 %d。" % (num1,num2))
```

如果输入 num1 = j，num2 = e，程序会抛出异常。

使用 try/except 语句捕捉程序的异常，并且提示：输入错误，请重新输入。

2. 你是一名 5 年级的学生，老师让你编写一个程序：功能是统计班上学生的身高，为了防止输入错误，限制输入的身高不能小于 0，同时不能大于 190cm。自定义一个异常，如果输入的身高小于 0，抛出自定义异常并且捕捉异常，提示：身高应该是大于 0 的哦，请重新输入。

如果输入的身高大于 190cm，抛出自定义异常并且捕捉异常，提示：身高太高了，请重新输入。

3. 为 Contact 类的 modify() 方法写测试，如果有 bug，对代码进行修改。

完成考验，请核对：

1.

```
try:
    num1 = int(input(" 请输入第一个数字："))
    num2 = int(input(" 请输入第二个数字："))
    if num1 > num2:
        print("%d 大于 %d。" % (num1,num2))
    elif num1 < num2:
        print("%d 小于 %d。" % (num1,num2))
    else:
        print("%d 等于 %d。" % (num1,num2))
except ValueError:
    print(" 输入错误，请重新输入。")
```

运行程序，结果如下：

```
请输入第一个数字：j
输入错误，请重新输入。
```

2.

代码

```
class HeightCheckException(Exception):
    def __init__(self,message):
        self.message = message
    def __str__(self):
        return self.message

try:
    height = int(input(" 请输入你的身高，单位是 cm： "))
    if height < 0:
        raise HeightCheckException(' 身高应该是大于 0 的哦，请重新输入。')
    if height > 190:
        raise HeightCheckException(' 身高太高了，重新输入。')
    print(" 你的身高是 %dcm。" % height)
except Exception as e:
    print(" 捉到了一个 bug:",e)
```

运行程序，结果如下：

当输入的身高是 -2cm：

> 请输入你的身高，单位是cm： -2
> 捉到了一个bug： 身高应该是大于0的哦，请重新输入。

当输入的身高是 200cm：

> 请输入你的身高，单位是cm: 200
> 捉到了一个bug： 身高太高了，请重新输入。

当输入的身高是 150cm：

> 请输入你的身高，单位是cm: 150
> 你的身高是150cm。

3.

在对 Contact 类的 modify() 方法写测试之前，列举写测试的场景：

修改通讯录中的电话号码能成功。

修改通讯录中的电话号码，校验修改的记录的内容，电话号码都是 11 位，如果修改的 phone 的位数不是 11 位，应该提示：电话号码应该等于 11 位。

修改通讯录中的电话号码，如果对应的 key 不存在，应该提示：该记录不存在，请添加。

新建一个文件：test_contact_modify.py，用来对 modify() 方法进行测试。

test_contact_modify.py

```
import unittest
from contact import Contact
class TestContact(unittest.TestCase):
    ''' 针对 Contact 类的测试 '''
    def setUp(self):
        # 假设通讯录中已经有一条记录
        self.emptyContact = Contact({' 小 p':'1597068xxxx'})

    def testModifySuccess(self):
        ''' 测试：修改通讯录中记录能成功。'''
        self.emptyContact.modify(' 小 p','1396068xxxx')
        self.assertTrue(self.emptyContact.getContacts()[' 小 p'],'1396068xxxx')

    def testModifyPhoneLenError(self):
        ''' 测试：校验修改的新记录的电话号码的长度是否为 11 位 '''
        with self.assertRaisesRegex(ValueError,' 电话号码应该等于 11 位。'):
            self.emptyContact.modify(' 小哈 ','139606878xxxx')

    def testModifyNameIsNotIn(self):
        ''' 测试：校验修改的新记录的 name 不存在通讯录中 '''
        with self.assertRaisesRegex(ValueError,' 该记录不存在，请添加。'):
            self.emptyContact.modify(' 小 p','1396068xxxx')

unittest.main()
```

运行程序，结果如下：

```
------------------------------------------------------------
Ran 3 tests in 0.048s

FAILED (failures=2)
```

结果显示，3 个测试有 2 个没有通过，继续看程序运行结果：

```
FF.
============================================================
FAIL: testModifyNameIsNotIn (__main__.TestContact)
测试：校验修改的新纪录的name不存在通讯录中
------------------------------------------------------------

        ModifyNameIsNotIn
            self.emptyContact.modify('小哈','1396068xxxx')
        AssertionError: ValueError not raised
```

testModifyNameIsNotIn() 没有通过，原因是没有抛出 ValueError 异常。

说明：当修改的新记录的 key 不在通讯录中时，也能修改成功。

所以要对 modify() 方法进行修改，当修改的新记录的 key 不在通讯录中时，应该抛出 ValueError 异常。

再继续看结果：

```
======================================================================
FAIL: testModifyPhoneLenError (__main__.TestContact)
测试：校验修改的新纪录的电话号码的长度是否为11位
----------------------------------------------------------------------

        ModifyPhoneLenError
          self.emptyContact.modify('小P','139606878xxxx')
        AssertionError: ValueError not raised
```

testModifyPhoneLenError() 没有通过，原因是没有抛出 AssertionError 异常。

说明：当修改的新记录的电话号码的长度不是 11 位时，也能修改成功。

所以要对 modify() 方法进行修改，当修改的新记录的电话号码的长度不是 11 位时，应该抛出 ValueError 异常。

代码　contact.py

```python
class Contact:
    def __init__(self,contacts):
        self.contacts = contacts

    def add(self,name,phone):
        if len(phone) != 11:
            raise ValueError("电话号码应该等于 11 位。")
        if name in self.contacts:
            raise ValueError("通讯录中已经存在此记录，请修改原记录。")
        self.contacts[name] = phone

    def modify(self,name,phone):
        if len(phone) != 11:
            raise ValueError("电话号码应该等于 11 位。")
        if name not in self.contacts:
            raise ValueError("该记录不存在，请添加。")
        self.contacts[name] = phone

    def delete(self,name):
        del self.contacts[name]

    def search(self,name):
        return  self.contacts[name]
```

```
    def getAll(self):
        for kv in self.contacts.items():
            print(kv)

    def getContacts(self):
        return self.contacts

    def setContacts(self):
        self.contacts = contacts
```

再运行 test_contact_modify.py 文件：

```
...
----------------------------------------------------------------------
Ran 3 tests in 0.108s

OK
```

所有测试都通过了。

## 第 19 章

永久存储的文件

翻开拍博士秘籍

在 Python 的探索之旅中，经常进行的操作是：写好一个程序，运行程序，输入内容，程序返回运行结果。

你会发现，输入内容和运行结果都是一次性的，如果我想要把每次的运行结果都保存下来要怎么做呢？

我们在访问一个网站时，需要先注册，输入账号、密码，注册成功之后，下次访问网站时，只需登录，输入账号、密码，如果都正确，就能登录成功；反之，登录不成功。

那么它是如何判断输入的账号密码是否正确呢？

过程如下。

注册时：输入账号密码→程序接收到账号、密码→将账号、密码保存下来。

登录时：输入账号密码→程序接收到输入账号、密码→和保存下来的账号、密码进行对比→如果是一致的，那么就能登录成功；反之，登录失败。

那么账号和密码保存呢？

我们可以通过将账号、密码保存到数据库中进行永久存储。

在 Python 开发中，永久存储是必不可少的，可以将数据存储到数据库中，也可以将数据存储到文件中。

今天我们就一起来看看如何将数据存储到文件中，并且对文件中的数据进行操作。

19.1　认识文件

文件是什么呢？是不是爸爸文件夹中放的文件，一页页纸上写了密密麻麻的文字。

是计算机中的 Word 文件吗?

是的,今天要学习的是计算机中的文件,例如小 p 说的 Word 文件,还有 Excel、PDF、照片等,都可以称为文件。

我的计算机上存储了很多文件,通过 Python 要怎么找到我想要找的文件呢?

这个问题真棒,这是必须要学会的,对于后续的学习很重要。在对文件进行读取和写入的操作之前,都需要先找到文件。要精准地找到你想要的文件,首先要知道文件在计算机中的位置,文件在计算机中的位置叫作文件的路径。

要怎么表示文件的路径呢?

因为 Mac 电脑和 Windows 电脑的路径的表示方法不一样,所以接下来我们分开讲解。

Mac 电脑

在桌面的 Python 目录下有一个 secret.txt 文件。

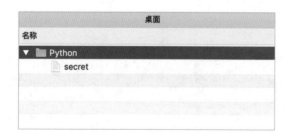

要如何表示它的路径呢？

1. 将鼠标移动到文件上，然后右击，选择【显示简介】命令。

2. 进入显示简介界面，然后找到【位置】。

3. 移动到【位置】上，选中后面的内容，右击，选择【拷贝】命令，就能获取文件的路径。

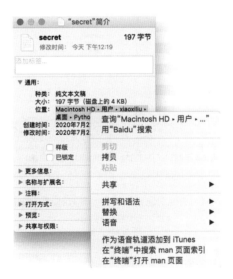

4. 将复制的路径粘贴出来：/Users/xiaoxiliu/Desktop/Python/secret.txt。

通过以上步骤就得到 secret.txt 的路径。

Windows 电脑

在桌面的 Python 目录下有一个 secret.txt 文件。

如何表示它的路径呢？

1. 选中文件，然后右击，选择【属性】命令。

2. 进入【属性】面板，找到【位置】，就是文件的路径。

secret.txt 的路径就是：C:\Users\ 小溪流 \Desktop\Python。

我发现它们的区别在于：Mac 电脑的路径间隔符号是 /，但是 Windows 电脑的路径间隔符号是 \。

是的，你说到点子上了。

相对路径

上面获取的都是绝对路径，还有一个相对路径，那么它是怎样的呢？

相对路径是相对当前文件的路径。

Mac 系统

1. 文件在当前目录。

在 Python 文件夹下，有 secret.txt 和 file.py 两个文件。

如果要在 file.py 文件中使用 secret.txt，直接通过 secret.txt 就能找到它。

2. 文件在上一级目录。

在桌面中，有 Python 文件夹和 secret.txt 文件，Python 文件夹里有 file.py 文件。

如果需要在 file.py 文件中使用 secret.txt，通过 ../secret.txt 才能找到 secret.txt，其中 .. 表示当前目录的上一级目录。

3. 文件在下一级目录。

在桌面中，有 Python 文件夹和 file.py 文件，Python 文件夹里有 secret.txt 文件。

如果需要在 file.py 文件中使用 secret.txt，通过 ./Python/secret.txt 找到 secret.txt。. 表示当前目录，然后再进入 Python 目录找到 secret.txt。

Windows 系统

1. 文件在当前目录。

在 Python 文件夹下，有 secret.txt 和 file.py 两个文件。

如果要在 file.py 文件中使用 secret.txt，直接通过 secret.txt 就能找到它。

2. 文件在上一层目录。

在桌面中，有 Python 文件夹和 secret.txt 文件，Python 文件夹里有 file.py 文件。

如果需要在 file.py 文件中使用 secret.txt，通过 ..\secret.txt 才能找到 secret.txt，其中 .. 表示上一层目录。

3. 文件在下一层目录。

在桌面中，有 Python 文件夹和 file.py 文件，Python 文件夹里有 secret.txt 文件。

如果需要在 file.py 文件中使用 secret.txt，通过 .\Python\secret.txt 找到 secret.txt。. 表示当前目录，然后再进入 Python 目录找到 secret.txt。

19.2 读写文件

认识了文件，接下来学习通过 Python 进行读 / 写文件的操作。

我的计算机是 Mac 系统的，计算机的 /Users/xiaoxiliu/Desktop/Python 目录下，有一个文件，文件名字叫作 secret.txt，文件中有一段文字，接下来通过 Python 来看看文件中到底是什么内容，会不会有惊喜呢？

要怎么读呢？

在 Python 中，读 / 写文件的顺序是：
1. 打开文件；
2. 对文件对象进行读 / 写操作。
3. 关闭文件。

【拍博士小扩展】

读 / 写文件的能力是由操作系统提供的，操作系统不允许普通程序直接操作磁盘，所以读 / 写文件时需要请求操作系统打开一个对象，这就是我们在程序中要操作的文件对象。

如何打开文件呢？

一起来学习吧！

Python 提供了 open() 函数来打开文件，最常用的参数有两个：open(filename, mode)。

filename：要打开的文件路径，可以是绝对路径也可以是相对路径。

mode：文件打开模式，默认为 r。

【常用的文件打开模式】

r：只读模式打开文件，会从文件的开头读取文件，如果文件不存在会报错。

w：只写模式打开文件，会从文件的开头写文件。如果文件不存在会创建新文件。

a：只追加可写模式打开文件，会从文件的尾部写入内容。如果文件不存在会创建新文件。

r+：在 r 模式的基础上增加了写入功能。w+：在 w 模式的基础上增加了读取功能。

a+：在 a 模式的基础上增加了读取功能。

b：以二进制形式打开，默认是 t，用文本形式打开。可以与上面的几种模式搭配使用，例如 ab、wb、ab、ab+。

如何读取文件内容呢？

在学习读取文件内容之前，我们先来看看怎样关闭文件。

Python 提供了 close() 函数来关闭文件。

f.close()

在对文件操作完之后，都应该关闭文件，这是一个好习惯哦。

关闭文件，我有一个问题：如果在操作文件的过程中，出现了问题，是不是也要关闭文件呢？

在异常处理章节中我们学过了 try-finally 代码块，这时需要请它来帮忙。

```
f = open('file', 'r')
try:
    content = f.read()
except:
    pass
finally:
    f.close()
```

这样，如果在操作文件的过程中，出现了问题，也能正常关闭文件。

这种方式写法比较烦琐，Python 为我们提供了简单的写法：with 关键字。上面的代码能简化为一句：

```
with open('file', 'r') as f:
    content = f.read()
```

with 关键字简化了好多代码。

是的，接下来学习如何读取文件内容。

Python 提供了很多函数来读文件，如果要读取文件的全部内容，可以使用 read() 函数。

接下来我们在 file.py 中进行编程，读取 secret.txt 中的内容。

使用 Mac 电脑，并且在 file.py 中使用相对路径访问 secret.txt 文件。

```python
with open('secret.txt','r') as file:
    print(file.read())
```

运行程序，看看文件里面写了什么：

> 恭喜你，勇士，Python 探索之旅坚持到了现在，你真棒。
> 我是圣诞老爷爷的小精灵。
> 只要你能在下面写下你的心愿礼物，作为奖励，你就能得到它哦。

 你会发现，文件路径使用了相对路径，你也可以尝试绝对路径哦。

 我来尝试下。

```python
with open('/Users/xiaoxiliu/Desktop/Python/secret.txt','r') as file:
    print(file.read())
```

运行程序，结果如下：

> 恭喜你，勇士，Python 探索之旅坚持到了现在，你真棒。
> 我是圣诞老爷爷的小精灵。
> 只要你能在下面写下你的心愿礼物，作为奖励，你就能得到它哦。

 在 Windows 电脑中使用全路径怎样读取呢？

 一起来试试。

```python
with open(r'C:\Users\ 小溪流 \Desktop\Python\secret.txt','r') as file:
    print(file.read())
```

运行程序，结果如下：

UnicodeDecodeError: 'gbk' codec can't decode byte 0xad in position 2: illegal multibyte sequence

报错了，这是为什么呢？

这就是常见的读取中文文件的编码问题，查看 secret.txt 文件的编码格式为 utf-8。

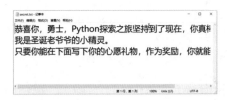

对程序进行修改，指定编码格式：

```
with open(r'C:\Users\小溪流\Desktop\Python\secret.txt','r',encoding='utf-8') as file:
    print(file.read())
```

运行程序，结果如下：

恭喜你，勇士，Python探索之旅坚持到了现在，你真棒。
我是圣诞老爷爷的小精灵。
只要你能在下面写下你的心愿礼物，作为奖励，你就能得到它哦。

 程序 r'C:\Users\小溪流\Desktop\Python\secret.txt' 中的 r 是什么意思？

 r 的意思是保持字符串原始值，不对其中的符号进行转义，因为 Windows 下的路径间隔符是斜杠 "\"，斜杠在 Python 的字符串中有转义的作用，加上 r 就是告诉 Python 不要转义。

 原来是这样啊。

 接下来的程序都是在 Mac 电脑中进行编写的，如果你要使用 Windows 电脑，要注意这个问题哦，不然程序会报错的。

 迫不及待想要写下我的心愿礼物，可是我要如何往文件中写内容呢？

 先别急，还有其他两种读文件的方式。
readlines() 函数：读取文件的全部内容。
readline() 函数：读取文件中的一行。

我想探索 readline() 函数。

```
with open('secret.txt','r') as file:
    print(file.readline())
```

运行程序，结果如下：

恭喜你，勇士，Python探索之旅坚持到了现在，你真棒。

我通过 readline() 函数读取了 secret.txt 文件中的第一行。

你真棒，我也想尝试下，看看 readlines() 函数的功能。

```
with open('secret.txt','r') as file:
    content = file.readlines()
    print(content)
```

运行程序，结果如下：

['恭喜你，勇士，Python探索之旅坚持到了现在，你真棒。\n', '我是圣诞老爷爷的小精灵。\n', '只要你能在下面写下你的心愿礼物，作为奖励，你就能得到它哦。']

原来 readlines() 函数获取的是一个列表，列表装的是文件中的每一行，那么我只需要用循环将列表中的内容打印出来，就是文件中的全部内容了。

我发现列表中每一个元素的末尾都有一个 \n，这是什么呢？

这是换行符。Python 提供了 rstrip() 函数将它去除。

```
with open('secret.txt','r') as file:
    content = file.readlines()
    for c in content:
        print(c.rstrip('\n'))
```

运行程序，结果如下：

> 恭喜你，勇士，Python探索之旅坚持到了现在，你真棒。
> 我是圣诞老爷爷的小精灵。
> 只要你能在下面写下你的心愿礼物，作为奖励，你就能得到它哦。

 Python 真厉害，提供了很多好用的功能。

 是的，坚持不断地探索，你会越来越喜欢 Python 的。

读文件的学习就告一段落，接下来学习你们心心念念的写文件吧。

Python 提供了 write() 方法来写文件。用法如下：

f.write(content)

 终于可以往文件中写入我的心愿礼物了。

代码
```python
with open('secret.txt','a') as file:
    file.write(" 我叫小溪，我想要一盆可爱的多肉。")
```

运行程序，我的心愿礼物就写进去了。

在程序中，将文件打开模式改成 a，只追加可写模式打开文件。这样，才能在文件的末尾写入内容。

 注意，千万不要将文件打开模式写成 w，只写模式打开文件，如果你那样做了，文件中的内容都会被清空，就只剩下你写的心愿礼物了，其他小伙伴的心愿礼物就不能得到满足。

来看看现在文件中是什么内容。

代码
```python
with open('secret.txt','r') as file:
    print(file.read())
```

运行程序，结果如下：

恭喜你，勇士，Python探索之旅坚持到了现在，你真棒。
我是圣诞老爷爷的小精灵。
只要你能在下面写下你的心愿礼物，作为奖励，你就能得到它哦。我叫小溪，我想要一盆可爱的多
肉。我叫小溪，我想要一盆可爱的多肉。

 我应该在写之前换个行的，要怎么写呢？

 你可以使用换行符，在写入的内容前加上一个换行符 \n，就能换行了。

 我也来写一个。

```
with open('secret.txt','a') as file:
    file.write("\n 我叫小 p，我想要一个遥控飞机。")
```

运行程序，小 p 也将心愿礼物写进去了。
来看看现在文件中的内容。

```
with open('secret.txt','r') as file:
    print(file.read())
```

运行程序，看看文档中现在有什么：

恭喜你，勇士，Python探索之旅坚持到了现在，你真棒。
我是圣诞老爷爷的小精灵。
只要你能在下面写下你的心愿礼物，作为奖励，你就能得到它哦。我叫小溪，我想要一盆可爱的多
肉。我叫小溪，我想要一盆可爱的多肉。
我叫小p，我想要一个遥控飞机。

果然换行了，很有效果的换行符。

 恭喜小溪和小 p 都得到了心愿礼物。

19.3　文件小挑战

　　小溪和小 p 今天学习了有趣的文件，获得了自己的心愿礼物，小朋友们，你们都学会了吗?

　　一起来参与 Python 星球的文件小挑战吧!

我的小勇士，我相信你是最棒的!

请完成下面的考验。

你有一个记账的好习惯，学习了文件，你就可以创建一个文件来记账。

1．创建文件 account.txt，先往里面写：这是我的账本。文件打开模式设置为 'w'。

2．往 account.txt 中新增加一行内容：2020-02-02，今天是妈妈的生日，我花了 60 元给妈妈买了一束康乃馨，妈妈很开心，我也很开心。记得换行哦。文件打开模式设置为 'a'。

3．读取 account.txt 中的内容。文件打开模式设置为 'r'。

完成考验，请核对：

1.

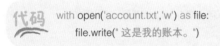

```
with open('account.txt','w') as file:
        file.write(" 这是我的账本。")
```

　　运行程序，结果如下：

运行程序后，创建 account.txt 文件，并且将"这是我的账本。"写入 account.txt 文件中。

2.

 with open('account.txt','a') as file:
　　　file.write("\n2020-02-02，今天是妈妈的生日，我花了 60 元给妈妈买了一束康乃馨，妈妈很开心，
　　　我也很开心。")

运行程序，结果如下：

运行程序后，在 account.txt 文件中，新增加了"2020-02-02，今天是妈妈的生日，我花了 60 元给妈妈买了一束康乃馨，妈妈很开心，我也很开心。"

3.

 with open('account.txt','r') as file:
　　　print(file.read())

运行程序，结果如下：

　　这是我的账本。
　　2020-02-02，今天是妈妈的生日，我花了60元给妈妈买了一束康乃馨，妈妈很开心，我也很开心。

## 第 20 章

在 Excel 中编写九九乘法表

20.1　九九乘法表

翻开拍博士秘籍

说到九九乘法表，都应该很熟悉吧。

1×1=1								
2×1=2	2×2=4							
3×1=3	3×2=6	3×3=9						
4×1=4	4×2=8	4×3=12	4×4=16					
5×1=5	5×2=10	5×3=15	5×4=20	5×5=25				
6×1=6	6×2=12	6×3=18	6×4=24	6×5=30	6×6=36			
7×1=7	7×2=14	7×3=21	7×4=28	7×5=35	7×6=42	7×7=49		
8×1=8	8×2=16	8×3=24	8×4=32	8×5=40	8×6=48	8×7=56	8×8=64	
9×1=9	9×2=18	9×3=27	9×4=36	9×5=45	9×6=54	9×7=63	9×8=72	9×9=81

想当年，这九九乘法表是倒背如流，一一得一，一二得二，一三得三，一四得四……九九八十一，背不出来可是要罚站的哦。

但是偶尔还是会忘记，一直背三五一十五，三五一十五，妈妈突然问，五五呢？老是背三五一十五，五五又给忘记了。太难了。

今天我们要通过 Python 的第三方库 openpyxl 在 Excel 中做一份九九乘法表，相信以后你再也不会忘记了，肯定把它记得牢牢的。

一起来学习吧！

20.2　认识 Excel 小伙伴

因为我们要在 Excel 中创作九九乘法表，所以首先认识 Excel，看看它有多强大。

 你们了解 Excel 吗？

 我打开过，因为老师们记录成绩和排名都用它。

 我也是，感觉它的功能很强大。

 是的，看来你们都已经见识过 Excel 的强大。接下来一起来认识它吧！

Excel 是微软公司开发的一个流行的数据处理软件，当你要做电子表格时，你经常需要用到它。首先要将它下载到你到计算机上，然后进行安装，安装成功后能看到右边这个图标。

双击打开它，下面就是它的主页面，也就是工作簿。

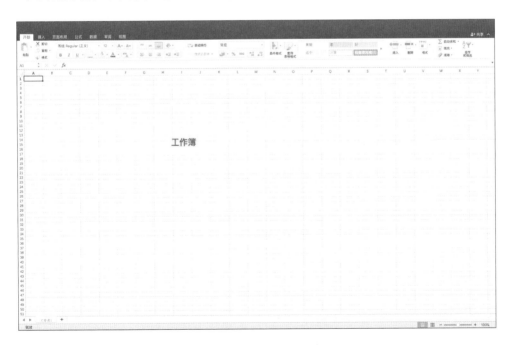

标题栏、菜单栏、工具栏是操作电子表格经常会用到的选项。

行号、列号。

名称框、编辑栏、工作表。

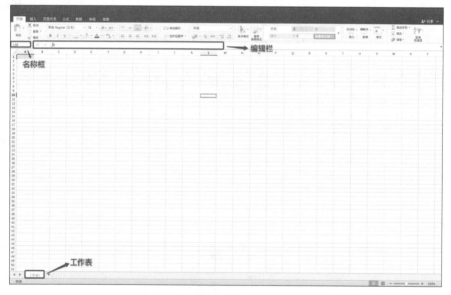

认识了 Excel 的界面，你可以尝试使用它。

 我觉得直接操作 Excel 就很简单方便了，我们为什么还要通过 Python 来操作它呢？

这个问题问得真好。

试想这样一个场景：你每天都要使用 Excel 进行数据处理，进行都操作都是一样的，你每天都要重复做一样的事情，那么你是不是想要是我操作一次，后面都能自动完成那该多好啊。Python 就能帮助你实现自动化进行数据处理，一键搞定。

Python 真厉害。

一起来看看怎样实现自动化吧！

20.3　安装 openpyxl

在 Python 中，有很多第三方库可以操作 Excel，我们选择 openpyxl 来读 / 写 Excel 2010 xlsx/xlsm/xltx/xltm 类型文件。

拍 博 士 课 堂

Python 读 / 写 Excel 不仅有 openpyxl 库，还有很多其他选择，具体如下。

xlrd：xlrd 模块是用来从 Excel 文件读取数据和格式化信息的库，支持 .xls 和 .xlsx 文件。

xlwt 库：xlwt 模块是用来将数据和格式化信息写入旧 Excel 文件的库，只支持到 Excel 2003，也就是扩展名为 .xls 的 excel。

xlutils：支持对 .xls 文件的 Excel 操作，依赖于 xlrd 和 xlwt。

pandas：通过对 Excel 文件的读 / 写实现数据输入 / 输出，pandas 支持 .xls、.xlsx 文件的读 / 写。

除此之外，还有 xlwings、xlsxwriter、win32com、DataNitro 库也支持 Excel 操作，如果需要使用再进行详细了解哦。

首先安装第三方库 openpyxl，安装的方式很简单，Windows 和 Mac 不一样，分开讲解。

Windows

1. 单击左下角的 图标，输入【cmd】。

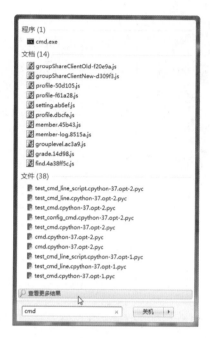

2. 单击【cmd.exe】，打开命令行窗口。

3. 如果你的 Python 版本是 Python 2，那么只需在命令行中输入 pip install openpyxl；如果你的 Python 版本是 Python 3，那么只需在命令行中输入 pip3 install openpyxl。按回车键，开始安装。

4. 等待一会儿，就安装成功了。

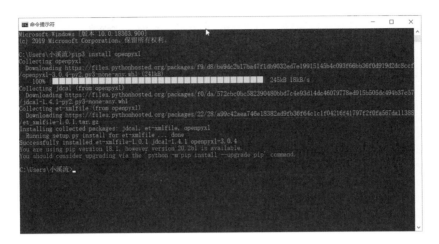

Mac

1. 单击【Dock】中的【Launchpad】图标，进入 app 展示界面。

2. 找到【其他】，单击进入。

3. 单击【终端】。

4. 进入【终端】界面。

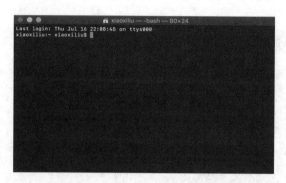

5. 如果你的 Python 版本是 Python 2，那么只需在命令行中输入 pip install openpyxl
如果你的 Python 版本是 Python3，那么只需在命令行中输入 pip3 install openpyxl。
按回车键，开始安装。

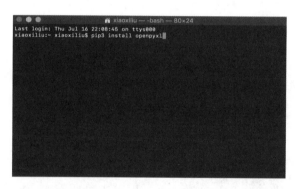

等待一会儿，就安装成功了。

```
Collecting openpyxl
  Downloading https://files.pythonhosted.org/packages/95/8c/83563c60489954e5b80f9e2596b93a68e1ac4e4a730deb1aae632066d704/openpyxl-3.0.3.tar
.gz (172kB)
    100% |████████████████████████████████| 174kB 4.2kB/s
Collecting jdcal (from openpyxl)
  Downloading https://files.pythonhosted.org/packages/f0/da/572cbc0bc582390480bbd7c4e93d14dc46079778ed915b505dc494b37c57/jdcal-1.4.1-py2.py
3-none-any.whl
Collecting et_xmlfile (from openpyxl)
  Downloading https://files.pythonhosted.org/packages/22/28/a99c42aea746e18382ad9fb36f64c1c1f04216f41797f2f0fa567da1138&/et_xmlfile-1.0.1.t
ar.gz
Installing collected packages: jdcal, et-xmlfile, openpyxl
  Running setup.py install for et-xmlfile ... done
  Running setup.py install for openpyxl ... done
Successfully installed et-xmlfile-1.0.1 jdcal-1.4.1 openpyxl-3.0.3
You are using pip version 18.1, however version 20.0.2 is available.
You should consider upgrading via the 'pip install --upgrade pip' command.
```

20.4　初识 openpyxl

安装好 openpyxl 和学习了 Excel，接下来学习 openpyxl。

在学习 Excel 之后，了解到要进行 Excel 操作，需要对工作簿、工作表、单元格进行操作。基本的操作都是打开工作簿，定位到指定的工作表，然后对单元格进行操作。所以我们先了解工作簿、工作表、单元格在 openpyxl 中的表示。

Workbook：工作簿，一个包含多个 Sheet 的 Excel 文件。

Worksheet：工作表，一个 Workbook 有多个 Worksheet，表名识别，如"Sheet"、"Sheet1"等。

Cell：单元格，存储具体的数据对象。

接下来开始 openpyxl 探索之旅吧！

工作簿

首先创建工作簿，只需导入 Workbook 类，并且创建 Workbook 类的实例对象。

```
from openpyxl import Workbook
wb = Workbook()
```

这样就创建好了一个工作簿。

1. from openpyxl import Workbook 是从 openpyxl 模块中导入 Workbook 类。
2. wb = Workbook() 是创建 Workbook 类的实例对象 wb。

工作表

工作簿创建好了，接下来创建工作表。

新建的工作簿 wb 中默认会建好一个工作表，我们可以通过 active 属性直接获取第一个工作表 ws。

```
from openpyxl import Workbook
wb = Workbook()
ws = wb.active
```

如果想要新建工作表，Workbook.create_sheet() 就能实现。

```
from openpyxl import Workbook
wb = Workbook()
ws = wb.active
# 在末尾追加工作表
```

```
wb.create_sheet("SheetAddEnd")
# 在第一的位置插入工作表
wb.create_sheet("SheetAddFirst",0)
# 在倒数第二的位置插入工作表
wb.create_sheet("SheetAddPenultimate",-1)
```

查看工作簿中的工作表可以通过 Workbook.sheetname。

代码
```
from openpyxl import Workbook
wb = Workbook()
ws = wb.active
# 在末尾追加工作表
wb.create_sheet("SheetAddEnd")
# 在第一的位置插入工作表
wb.create_sheet("SheetAddFirst",0)
# 在倒数第二的位置插入工作表
wb.create_sheet("SheetAddPenultimate",-1)
print(wb.sheetnames)
```

运行程序，看看效果。

```
['SheetAddFirst', 'Sheet', 'SheetAddPenultimate', 'SheetAddEnd']
```

程序通过 wb.sheetnames 获取工作簿中所有工作表的名称。

工作簿一共有 4 个工作表。

Sheet：工作簿中默认创建好的工作表，通过 wb.active 获取。

SheetAddFirst：通过 wb.create_sheet("SheetAddFirst",0) 创建的工作表。

SheetAddPenultimate：通过 wb.create_sheet("SheetAddPenultimate",-1) 创建的工作表。

SheetAddEnd：通过 wb.create_sheet("SheetAddEnd") 创建的工作表。

也可以通过遍历工作簿中的工作表：

代码
```
from openpyxl import Workbook
wb = Workbook()
ws = wb.active
# 在末尾追加工作表
wb.create_sheet("SheetAddEnd")
# 在第一的位置插入工作表
```

```
wb.create_sheet("SheetAddFirst",0)
# 在倒数第二的位置插入工作表
wb.create_sheet("SheetAddPenultimate",-1)
for sheet in wb:
    print(sheet.title)
```

运行程序，结果如下：

```
SheetAddFirst
Sheet
SheetAddPenultimate
SheetAddEnd
```

通过

for sheet in wb:

　　print(sheet.title)

遍历了工作簿中所有的工作表，并且通过 sheet.title 打印出工作表的名称。

当工作表很多，要对其中一个工作表进行操作，可以通过 wb.get_sheet_by_name (' 工作表名称 ') 获取相应的工作表。

单元格

创建好和获取到了工作表，接下来就可以对单元格进行操作。

好玩的来了。

是的，一起来玩吧。
首先我们创建一个 Excel 文档。

写入数据到指定单元格

如果要在 A1 中写入"Java"，在 B1 中写入"C++"，在 C1 中写入"Python"，分别使用不同的方式进行写入。

```
from openpyxl import Workbook
wb = Workbook()
ws = wb.active
# 直接对单元格 A1 进行赋值
ws['A1'] = 'Java'
```

```
# 通过工作表坐标获取到 cell 进行赋值
cell = ws['B1']
cell.value = 'C++'

# 通过 Worksheet.cell() 函数进行赋值
ws.cell(row=1, column=3, value='Python')

# 保存文件
wb.save( )
```

运行程序，结果如下：

因为 write.xlsx 原来不存在，所以运行程序后，创建了 write.xlsx 文件。

write.py   write.xlsx

打开 write.xlsx 文件，内容如下：

我们写入内容成功了，棒。

是的，我们通过 3 种不同的方式在 Excel 中成功写入了内容。

from openpyxl import Workbook 是导入第三方库 openpyxl 中的 Workbook。

ws['A1'] = 'Java' 是直接对单元格 A1 进行赋值。

cell = ws['B1']

cell.value = 'C++'

通过 ws['B1'] 获取到对应的单元格 B1，通过 cell.value 对单元格进行赋值。

ws.cell(row=1, column=3, value='Python') 中行号 row = 1，列号 column = 3 对应工作表的坐标 C1 单元格，是单元格的另一种表示形式。

通过 Worksheet.cell() 函数在单元格 C1 中写入内容 'Python'。

 我想拿到 Excel 中的数据，要怎么拿呢？

 我们先来拿一个单元格的数据。

 好。

访问一个单元格

访问单元格有两种方式，接下来通过这两种方式获取 A1、B1、C1 单元格的内容。

```python
from openpyxl import Workbook
from openpyxl import load_workbook
# 打开 excel 文件
wb = load_workbook('write.xlsx')
# 返回当前默认选中的工作表
ws = wb.active

# 通过工作表坐标获取到 cell 的值
print("A1 的内容是 %s。" % ws['A1'].value)
print("B1 的内容是 %s。" % ws['B1'].value)

# 通过 Worksheet.cell() 函数通过行号列号访问单元格
cell = ws.cell(row=1, column=3)
print("C1 的内容是 %s。" % cell.value)
```

运行程序，结果如下：

```
A1的内容是Java。
B1的内容是C++。
C1的内容是Python。
```

程序中，

from openpyxl import Workbook

from openpyxl import load_workbook

导入第三方库中的 Workbook、load_workbook。

wb = load_workbook('write.xlsx') 通过 load_workbook 读取 write.xlsx 文件。

ws = wb.active 是获取到当前默认选中的工作表。

print("A1 的内容是 %s。" % ws['A1'].value)

print("B1 的内容是 %s。" % ws['B1'].value)

通过工作表坐标 ws['A1'] 获取到单元格 A1。

通过工作表坐标 ws['B1'] 获取到单元格 B1。

通过 cell.value 的方式获取到 A1、B1 单元格的内容。

cell = ws.cell(row=1, column=3) 通过 Worksheet.cell() 函数通过行号列号获取单元格的内容。行号 row = 1，列号 column = 3 对应工作表的坐标 C1 单元格。

print("C1 的内容是 %s。" % cell.value) 通过 cell.value 的方式获取到 C1 单元格的内容。

访问多个单元格

 如果要访问多个单元格，是否用循环就可以实现。

 是的，看来循环的知识你都理解了。接下来你来实现吧。

 但是我不知道怎样从 Excel 中读取所有的数据。

 通过 sheet.rows 能获取到 Excel 中所有行的数据，通过 sheet.columns 能获取到 excel 中所有列的数据，有了准备知识，接下来一起来完成吧！

```
from openpyxl import Workbook
from openpyxl import load_workbook
# 打开 excel 文件
wb = load_workbook('write.xlsx')
# 返回当前默认选中的工作表
ws = wb.active
```

```
for item in ws.rows:
    for cell in item:
        print(" 第 %d 行第 %d 列的内容是 %s。"
                % (cell.row,cell.column,cell.value))
```

运行程序，结果如下：

```
第1行第1列的内容是Java。
第1行第2列的内容是C++。
第1行第3列的内容是Python。
```

成功读取到 Excel 中所有的内容，一起来看看是怎样读取的。

from openpyxl import Workbook

from openpyxl import load_workbook

将第三方库导入。

wb = load_workbook('write.xlsx') 打开 excel 文件。

ws = wb.active 返回当前默认选中的工作表。

for item in ws.rows:

　　for cell in item:

　　　　print(" 第 %d 行第 %d 列的内容是 %s。"

　　　　　　% (cell.row,cell.column,cell.value))

在程序中，通过 sheet.rows 获取到所有行的数据。sheet.rows 为生成器，里面是每一行的数据，每一行又由一个 tuple 包裹。

所以首先通过 for item in ws.rows: 遍历获取到每一行的数据。然后通过 for cell in item: 遍历获取到一行中所有单元格的数据。最后通过 cell.row 获取单元格的行号，通过 cell.column 获取单元格的列号，通过 cell.value 获取单元格的值，程序就完成了。

当我的文件中行数和列数都比较多的时候，我能直接获取到它的最大行数和最大列数吗，这样我就不用数数了。

当然可以了。openpyxl 提供了方法来帮助我们：通过 sheet.max_row 能获取到最大行数；通过 sheet.max_column 能获取到最大列数。

我来试试。

```
from openpyxl import Workbook
from openpyxl import load_workbook
# 打开 excel 文件
wb = load_workbook('write.xlsx')
# 返回当前默认选中的工作表
ws = wb.active

print(" 最大行数是 %d。" % ws.max_row)
print(" 最大列数是 %d。" % ws.max_column)
```

运行程序，结果如下：

最大行数是1。
最大列数是3。

程序中，通过 ws.max_row 得到最大行数，通过 ws.max_column 得到最大列数。

太棒了，成功了，openpyxl 的功能很强大！

是的，你说对了，我们只是认识了 openpyxl 的冰山一角，有兴趣还可以继续探索。我们先来制作九九乘法表。

好的。

20.5 制作九九乘法表

在制作之前，我们先来分析一下。

1×1=1								
2×1=2	2×2=4							
3×1=3	3×2=6	3×3=9						
4×1=4	4×2=8	4×3=12	4×4=16					
5×1=5	5×2=10	5×3=15	5×4=20	5×5=25				
6×1=6	6×2=12	6×3=18	6×4=24	6×5=30	6×6=36			
7×1=7	7×2=14	7×3=21	7×4=28	7×5=35	7×6=42	7×7=49		
8×1=8	8×2=16	8×3=24	8×4=32	8×5=40	8×6=48	8×7=56	8×8=64	
9×1=9	9×2=18	9×3=27	9×4=36	9×5=45	9×6=54	9×7=63	9×8=72	9×9=81

我们要将九九乘法表写入 Excel。首先确定按照行的顺序来完成数据的写入，因为一共有 9 行，所以完成写入要循环 9 次。

for row in range(1,10):

你也可以按照列的顺序来完成数据的写入。

但是每行中单元格的个数不一样，例如：

第一行为 $1 \times 1=1$，单元格只有 1 个；

第二行为 $2 \times 1=2$，$2 \times 2=4$，单元格有 2 个；

第三行 $3 \times 1=3$，$3 \times 2=6$，$3 \times 3=9$ 单元格有 3 个。

但是你会发现，单元格的个数和行数是一致的，单元格的个数有多少个，就需要再循环多少次，所以需要再嵌套一层循环。

for row in range(1,10):

　　for column in range(1,row+1):

 每一个单元格的内容都是变化的，要怎样写入？

 一起来分析一下。

写入的内容的总体格式是：第 1 个数字 × 第 2 个数字 = 计算结果。

每个单元格的内容都是不一样的。

第 1 行第 1 列的内容是：$1 \times 1=1$。

第 2 行第 1 列的内容是：$2 \times 1=2$。

第 2 行第 2 列的内容是：$2 \times 2=4$。

第 3 行第 1 列的内容是：$3 \times 1=3$。

第 3 行第 2 列的内容是：$3 \times 2=6$。

第 3 行第 3 列的内容是：$3 \times 3=9$。

找规律，你会发现：内容的第 1 个数字就是行号，内容的第 2 个数字就列号。

所以写入的内容就变成：行号 × 列号 = 计算结果。

分析完了，程序就写出来了，感觉很简单。

九九乘法表 .py

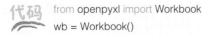

```
from openpyxl import Workbook
wb = Workbook()
```

```
ws = wb.active
ws.title = " 九九乘法表 "

for row in range(1,10):
    for column in range(1,row+1):
        cell_value = "%d × %d = %d" % (row,column,row*column)
        cell = ws.cell(row = row, column = column, value = cell_value)

wb.save(" 九九乘法表 .xlsx")
```

运行程序，结果如下：

在程序的同目录下生成九九乘法表 .xlsx

九九乘法表.py   九九乘法表.xlsx

打开九九乘法表 .xlsx：

	A	B	C	D	E	F	G	H	I	J	K	L	M	N
1	1×1=1													
2	2×1=2	2×2=4												
3	3×1=3	3×2=6	3×3=9											
4	4×1=4	4×2=8	4×3=12	4×4=16										
5	5×1=5	5×2=10	5×3=15	5×4=20	5×5=25									
6	6×1=6	6×2=12	6×3=18	6×4=24	6×5=30	6×6=36								
7	7×1=7	7×2=14	7×3=21	7×4=28	7×5=35	7×6=42	7×7=49							
8	8×1=8	8×2=16	8×3=24	8×4=32	8×5=40	8×6=48	8×7=56	8×8=64						
9	9×1=9	9×2=18	9×3=27	9×4=36	9×5=45	9×6=54	9×7=63	9×8=72	9×9=81					

 我想给九九乘法表设置颜色，可以吗？

 哈哈，这是个新奇的想法，我们一起来看看。

20.6　openpyxl 进阶

> openpyxl 中可以对单元格对样式进行设置，小 p 刚刚说的设置颜色是可以实现的。

颜色填充可以通过 PatternFill 填充类实现。

给所有单元格设置红色。

```python
from openpyxl import Workbook
from openpyxl.styles import PatternFill
wb = Workbook()
ws = wb.active
ws.title = " 九九乘法表 "
for row in range(1,10):
    for column in range(1,row+1):
        cell_value = "%d × %d = %d" % (row,column,row*column)
        cell = ws.cell(row = row, column = column, value = cell_value)
        # 指定单元格颜色
        fill = PatternFill("solid", fgColor="f05654")
        cell.fill = fill

wb.save(" 九九乘法表 .xlsx")
```

运行程序，结果如下：

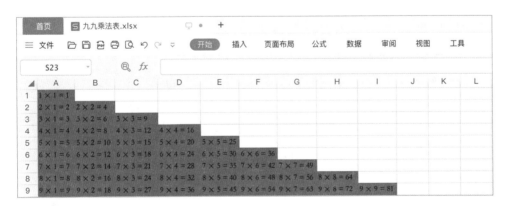

通过

fill = PatternFill("solid", fgColor="f05654")

cell.fill = fill

将所有单元格设置为红色。

"solid" 是填充类型，表示纯色填充，还有很多类型可以选择："none"、"solid"、"darkDown"、"darkGray"、"darkGrid"、"darkHorizontal"、"darkTrellis"、"darkUp"、"darkVertical"、"gray0625"、"gray125"、"lightDown"、"lightGray"、"lightGrid"、"lightHorizontal"、"lightTrellis"、"lightUp"、"lightVertical"、"mediumGray"。

fgColor：指定颜色，这里指定的是 "f05654"，代表红色。

 我想给单元格的边框加上颜色，可以吗？

 可以的。

可以通过 Border 边框类来完成。

```python
from openpyxl import Workbook
from openpyxl.styles import PatternFill,Border,Side
from openpyxl.styles import Border

wb = Workbook()
ws = wb.active
ws.title = "九九乘法表"

for row in range(1,10):
    for column in range(1,row+1):
        cell_value = "%d × %d = %d" % (row,column,row*column)
        cell = ws.cell(row = row, column = column, value = cell_value)
        # 指定单元格颜色
        fill = PatternFill("solid", fgColor="f05654")
        cell.fill = fill

        # 指定边框样式
        border_type=Side(border_style="double", color='FFFFFF')
        border = Border(top = border_type, bottom = border_type,
                        eft = border_type, right = border_type)
        cell.border = border

wb.save("九九乘法表 .xlsx")
```

运行程序，结果如下：

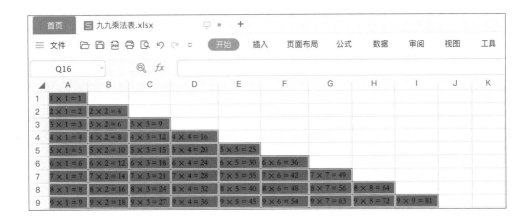

 果然给边框加上了颜色。

 程序中，通过
border_type=Side(border_style="double", color='FFFFFF')
border = Border(top = border_type, bottom = border_type,
　　　　　　　　　　　left = border_type, right = border_type)
cell.border = border
给上下左右的边框加上了双重的白色。
border_type=Side(border_style="double", color='FFFFFF') 中，
border_style="double" 是指定边框的样式，还有其他选择，'dashDot'、'dashDotDot'、'dashed'、'dotted'、'double'、'hair'、'medium'、'mediumDashDot'、'mediumDashDotDot'、'mediumDashed'、'slantDashDot'、'thick'、'thin'。
color='FFFFFF' 是指定边框的颜色。

 我想让每一行单元格的颜色都不一样。

 可以做到，你可以试试。

 我想想，我知道了，只需设置一个颜色的列表，然后循环设置给每一行即可。我来试试。

273

```python
from openpyxl import Workbook
from openpyxl.styles import PatternFill,Border,Side
from openpyxl.styles import Border

wb = Workbook()
ws = wb.active
ws.title = " 九九乘法表 "
# 颜色列表
row_colors = ["f05654","ff2121","dc3023","ff3300","cb3a56",
              "a98175","b36d61","ef7a82","ff0097"]

for row in range(1,10):
    for column in range(1,row+1):
        cell_value = "%d × %d = %d" % (row,column,row*column)
        cell = ws.cell(row = row, column = column, value = cell_value)
        # 指定单元格颜色
        fill = PatternFill("solid", fgColor=row_colors[row−1])
        cell.fill = fill

        # 指定边框样式
        border_type=Side(border_style="double", color='FFFFFF')
        border = Border(top = border_type, bottom = border_type,
                        left = border_type, right = border_type)
        cell.border = border

wb.save(" 九九乘法表 .xlsx")
```

运行程序，结果如下：

我完成了。

 小溪你又成长了。

openpyxl 的内容还有很多，需要大家慢慢去探索和学习。

20.7　openpyxl 小挑战

小溪和小 p 今天学习了有用的 openpyxl，制作了九九乘法表，小朋友们，你们都学会了吗？

一起来参与 Python 星球的 openpyxl 小挑战吧！

我的小勇士，我相信你是最棒的！

请完成下面的考验。

1. 制作一个九九乘法表，单元格样式可以按照自己的喜好进行设置。

2. 张老师在统计成绩，听说小溪在学习使用 Python 操作 Excel，就让小溪帮着她使用 Python 一起计算总分。老师给小溪的文件是成绩单 .xlsx，内容如下：

姓名	语文	数学	英语	总分
莉莉	90	95	90	
蜜蜜	85	100	88	

需要做的是读取到分数，计算总分，然后写入。

完成考验，请核对：

1. 具体按自己的喜好去做，可参考前面介绍的方法。

2.

```
from openpyxl import Workbook
from openpyxl import load_workbook

wb = Workbook()
ws = wb.active
# 打开文件
wb = load_workbook(' 成绩单 .xlsx')
# 返回当前默认选中的工作表
ws = wb.active

for row in range(2,ws.max_row+1):
    sum = 0
    for column in range(2,ws.max_column):
        sum += ws.cell(row,column).value
    ws.cell(row,ws.max_column).value = sum

wb.save(" 成绩单 .xlsx")
```

运行程序，结果如下：

程序中，通过 ws.max_row 获取到成绩单 .xlsx 的最大行数为 3。

range(2,ws.max_row+1)：返回的是 2 和 3。

因为表头的数据不需要，所以从 2 开始。

通过 ws.max_column 获取到成绩单 .xlsx 的最大列数为 5。

range(2,ws.ws.max_column+1)：返回的是 2、3、4。

变量 sum 是用来保存每行的总分，每一行计算时先对它进行初始化：

sum = 0

通过 sum += ws.cell(row,column).value 将分数进行累加。

通过 ws.cell(row,ws.max_column).value = sum 计算好总分之后，重新写入成绩单 .xlsx 的第 2 行第 5 列和第 3 行第 5 列中。

## 第 21 章

GUI 带我做软件

21.1 认识 GUI

翻开拍博士秘籍

今天我们来聊聊用户体验，开发程序首先要满足用户的功能性需求，然后考虑用户使用程序的感受，也就是用户体验。

下面两个程序功能是一样的，乘法计算器，计算两个数的乘积，但是用户体验应该是不一样的，你觉得哪个用户体验会更好呢？

第一个乘法计算器程序：

******乘法计算器******
请输入第1个数字：**7**
请输入第1个数字：**9**
相乘的结果为：**63**。

第二个乘法计算器程序：

毫无疑问，肯定是第二个用户体验更好，因为它有清晰的操作界面。这个操作界面我们称为图形用户界面（Graphical User Interface，GUI）。通过它，你可以运用鼠标和键盘进行输入，经过计算机一番处理后，将结果展示在图形用户界面上。我们通常使用的软件就是这样的！

在 Python 中，也能够制作图形用户界面。

今天就一起来学习图形用户界面吧。让其他小伙伴能够更加方便地使用你开发的程序。

IDLE 界面是不是就属于 GUI？

是的，你说对了。

 很期待，学习了 GUI，我就能创作出好看的界面了。

 一起来学习吧！

21.2　认识 Tkinter

在 Python 中，GUI 库有很多，例如 Easygui、wxPython 等，今天我们要学习的是 Python 中的标准 GUI 库——Tkinter。

Tkinter 已经内置到 Python 安装包中，所以只要安装好 Python 就可以使用 Tkinter 了。

要使用 Tkinter 模块进行 GUI 创作，首先需要导入 Tkinter 模块，在 Python 3.x 版本中使用的包名是 tkinter，所以导入的方式是：import tkinter。接下来尽情创作吧。

 但是对于 Tkinter，我很陌生，完全不了解。

 按照我们解决问题的思路，遇到不懂的，我们先学习。

在 Tkinter 中，提供了很多组件给我们使用，这些组件就类似我们的积木块，通过它们可以做出各种造型。

接下来一起来学习 Tkinter 中的组件。

1．Label 组件

Label 组件主要用来在界面上展示文字或者图片。

小时候，经常被教导，过马路的时候，要注意看信号灯，红灯停，绿灯行。

接下来我们使用 Label 组件展示注意信号灯的标识和文字。

tip.py

```
from tkinter import *
# 创建根窗口
root = Tk()
# 设置窗口标题
root.title(" 小提示 ")
# 设置窗口大小
root.geometry('500x300')
# 创建图片对象
pic = PhotoImage(file = "tip.gif")
# 创建 Label 对象
label_pic= Label(root,image=pic)
# 在窗口中展示
label_pic.pack()
label_text= Label(root,text = " 过马路注意信号灯 ",
                  fg='red',font=('Arial', 22,"bold"))
label_text.pack()
# 让根窗口持续展示
root.mainloop()
```

运行程序，结果如下：

程序中展示了注意信号灯的图片和文字，那么是怎样做到的呢？

from tkinter import * 导入 tkinter 模块。

root = Tk() 创建根窗口。你们看过美术生画画吗？是不是都是支好一个架子，然后在架子上放一个画板。在 Tkinter 中创作也是一样，首先需要创建好根窗口，然后在根窗口中放置各种组件进行创作。

root.title(" 小提示 ") 设置窗口标题。

root.geometry('500x300') 设置窗口大小：长 x 宽，其中 x 是小写的字母 x。这里要注意，是小写的字母 x，不是乘号，如果输入乘号程序会报错。

pic = PhotoImage(file = "tip.gif ") 通过 PhotoImage 创建图片对象，其中 tip.gif 是图片的路径，因为 tip.gif 和 tip.py 在同一个文件夹中，所以使用了相对路径，你也可以使用绝对路径。

需要特别注意的是，只支持 gif 格式的图片。

相对路径和绝对路径在第 19 章文件中详细讲解过，不记得了，可以回去看看哦。

label_pic= Label(root,image=pic) 创建 Label 对象，用于展示图片 pic。

label_pic.pack() 在窗口中展示创建好的 Label 对象：label_pic。

label_text= Label(root,text = " 过马路注意信号灯 ",

　　　　　　　　　　fg='red', font=('Arial', 22, "bold"))

创建 Label 对象，用于展示文字：" 过马路注意信号灯 "，fg 用于设置字体的颜色，font 用于字体相关设置，字体是 'Arial'，大小是 22，加粗。

label_text.pack() 在窗口中展示创建好的 Label 对象：label_text。

mainloop() 让根窗口持续展示。

 好遗憾，PhotoImage 只支持 gif 格式的图片，我要是想展示其他格式的图片，应该怎么办呢？

 别怕，PIL 能帮助你。

 PIL 是什么？

 PIL 全称是 Python Imaging Library，是 Python 中的图像处理库。但是 PIL 仅支持到 Python 2.7。

 但是我们使用的版本是 3.7.2。

 别着急，热心的志愿者们在 PIL 的基础上创建了兼容版本，名字叫 Pillow，能够支持最新版本 Python 3.x。接下来我们使用 Pillow 来解决小误的问题。

Pillow 是第三方库，在使用之前，要先安装。

在前面的章节中介绍了第三方库的安装，你还记得吗？

第三方库的安装 Windows 和 Mac 是不一样的哦。

在命令行中输入：pip3 install pillow 进行安装。

安装成功后，就能解决小溪的问题了，一起来完成吧。

```python
from tkinter import *
from PIL import Image,ImageTk
# 创建根窗口
root = Tk()
# 设置窗口标题
root.title(" 小提示 ")
# 设置窗口大小
root.geometry('400x400')
image = Image.open("save.jpeg")
# 创建 tkinter 兼容的图片对象
photo = ImageTk.PhotoImage(image)
# 创建 Label 对象
label_pic = Label(root,image = photo)
# 在窗口中展示
label_pic.pack()
label_text= Label(root,text = " 请节约用水 ",
                  fg='green',font=('Arial', 26,"bold"))
label_text.pack()
# 让根窗口持续展示
root.mainloop()
```

运行程序，结果如下：

从程序结果可以看出，save.jpeg 虽然不是 gif 格式的，但是被成功地展示出来，关键的代码如下：

image = Image.open("save.jpeg")

photo = ImageTk.PhotoImage(image)

创建了 tkinter 兼容的图片对象。

 开心，以后其他格式的图片也能成功展示了。

 接下来一起学习 Button 组件。

2. Button 组件

Button 组件是按钮组件。Button 组件可以接收用户指令，当用户单击按钮时，完成指定的操作。

接下来我们实现单击按钮——变变变。

```
from tkinter import *
# 创建根窗口
root = Tk()
# 设置窗口标题
root.title("button")
# 设置窗口大小
root.geometry('300x300')
string = StringVar()
string.set(' 猜猜我是谁？ ')
# 创建 Label 对象
label = Label(root,textvariable = string)
# 在窗口中展示
label.pack(padx = 10,pady = 20 )

def change():
    string.set(' 哈哈，我叫小溪流。')

button = Button(root,text = " 变变变 ",command=change,fg="red")
button.pack()

# 让根窗口持续展示
root.mainloop()
```

运行程序，结果如下：

单击按钮变变变，看看有什么变化。

哈哈，好玩呢，怎么做到的？

 一起来看看。

string = StringVar() 创建了 StringVar 对象 string。StringVar 是 tkinter 中的字符串变量类，在进行 GUI 编程时，如果需要跟踪变量的值的变化或者将值的变更随时可以显示在界面上，这时就可以使用变量类，变量类是分类型的，有 StringVar、BooleanVar、DoubleVar、IntVar。

string.set(' 猜猜我是谁 ?') 给 string 赋值为：猜猜我是谁?

label = Label(root,textvariable = string) 创建了 Label 对象，设置了 textvariable 属性，textvariable 属性用来显示 tkinter 变量，如果变量被修改，标签展示的文本将自动变化。textvariable 属性显示了 string，当 string 变化时，label 展示的文字就自动发生变化。

button = Button(root,text = " 变变变 ",command=change,fg="red") 创建了 Button 对象，通过设置 command 参数为 change，指定当单击按钮时，执行 change() 函数。

def change():
　　string.set(' 哈哈，我叫小溪流。')

change() 函数中通过 string.set(' 哈哈，我叫小溪流。') 修改变量 string 的值为：哈哈，我叫小溪流。

这样实现了单击按钮时，label 上展示的文字自动发生变化。

3．Entry 组件

Entry 组件是一个单行文本输入域，用来输入一行文本字符串。

在访问网站时，要输入账号和密码进行登录，今天我们通过 Entry 组件来创建一个登录界面。

```
from tkinter import *
# 创建根窗口
root = Tk()
# 设置窗口标题
root.title(" 登录 ")
# 设置窗口大小
root.geometry('300x200')
```

```
Label(root,text = " 账号 ").grid(row = 0 ,column = 0)
Entry(root).grid(row = 0 ,column = 1)
Label(root,text = " 密码 ").grid(row = 1 ,column = 0)
Entry(root).grid(row = 1 ,column = 1)
Button(root,text = " 提交 ").grid(row = 2 ,column = 1)
# 让根窗口持续展示
root.mainloop()
```

运行程序，结果如下：

 登录界面做好了，但是密码是要保密的，这样都不保密了。

 把密码弄成保密模式，只需设置 show 属性就能指定文本框内容显示为指定的字符，密码一般都是展示成 *，所以设置成：show = "*" 即可。

```
from tkinter import *
# 创建根窗口
root = Tk()
# 设置窗口标题
root.title(" 登录 ")
# 设置窗口大小
root.geometry('300x200')
```

```
Label(root,text = "账号").grid(row = 0 ,column = 0)
Entry(root).grid(row = 0 ,column = 1)
Label(root,text = "密码").grid(row = 1 ,column = 0)
Entry(root,show = "*").grid(row = 1 ,column = 1)
Button(root,text = "提交").grid(row = 2 ,column = 1)
# 让根窗口持续展示
root.mainloop()
```

运行程序，结果如下：

 这样密码就保密了。

 是的。

Entry(root,show = "*").grid(row = 1 ,column = 1) 通过 show = "*" 指定密码文本框的内容显示为 *。

 输入账号、密码，单击"提交"按钮，没有任何反应呢。可以在单击"提交"按钮时，将账号和密码展示出来吗？

 通过 entry.get() 就能获取文本框的内容，接下来一起完成吧。

```
from tkinter import *
# 创建根窗口
root = Tk()
# 设置窗口标题
root.title("登录")
# 设置窗口大小
root.geometry('300x200')
```

```
Label(root,text = " 账号 ").grid(row = 0 ,column = 0)
e1 = Entry(root)
e1.grid(row = 0,column = 1)

Label(root,text = " 密码 ").grid(row = 1 ,column = 0)
e2 = Entry(root,show = "*")
e2.grid(row = 1,column = 1)

def submit():
    lb1 = Label(root,text = " 账号是 %s。 " % e1.get())
    lb1.grid(row = 4 ,column = 1)
    lb2 = Label(root,text = " 密码是 %s。 " % e2.get())
    lb2.grid(row = 5 ,column = 1)

Button(root,text = " 提交 ",command = submit).grid(row = 2 ,column = 1)
# 让根窗口持续展示
root.mainloop()
```

运行程序，结果如下：

 好棒，账号和密码都获取到了，是怎么做到的？

 接下来看看代码吧。

Button(root,text = " 提 交 ",command = submit).grid(row = 2 ,column = 1) 通 过 设 置 command 指定单击按钮时要做的事情，submit 是函数名。

    def submit():

        lb1 = Label(root,text = " 账号是 %s。 " % e1.get())

        lb1.grid(row = 4 ,column = 1)

        lb2 = Label(root,text = " 密码是 %s。 " % e2.get())

        lb2.grid(row = 5 ,column = 1)

通过 e1.get() 获取账号文本框的内容：小溪流。

通过 e2.get() 获取密码文本框的内容：secret123。

4．Frame 组件

Frame 组件是屏幕上的一个矩形区域。Frame 组件主要是作为其他组件的框架基础，或者为其他组件提供间距填充，所以可以认为它就是一个容器。Frame 组件可以将窗口进行布局，将窗口划分为几个小区域，然后在每个区域中添加控件。更加神奇的是，Frame 组件划分的小区域中还可以嵌套 Frame 组件进行更小区域的划分。

接下来看看 Frame 组件是怎样划分窗口的。

```python
from tkinter import *
# 创建根窗口
root = Tk()
# 设置窗口标题
root.title("frame")
# 设置窗口大小
root.geometry('300x200')
Label(root,bg = 'purple',text = 'top').pack()
frame = Frame(root)
frame.pack(padx = 10,pady = 10)
# 左边部分
frame_l = Frame(frame)
frame_l.pack(side = 'left')
Label(frame_l,text = 'left',bg = 'green').pack()
# 右边部分
frame_r = Frame(frame)
frame_r.pack(side = 'right')
Label(frame_r,text = 'right',bg = 'red').pack()


# 让根窗口持续展示
root.mainloop()
```

运行程序，结果如下：

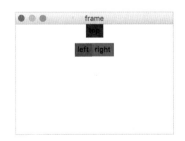

程序将窗口划分成两个部分：顶部是 Label 组件，显示文字 top；往下是主 Frame 组件——frame，并且设置了属性 padx = 10,pady = 10。

在 frame 中，嵌套了两个 Frame 组件，分别是 frame_l 和 frame_r，可以将组件填充到 frame_l 和 frame_r 中，程序中，将 Label 组件填充到 frame_l 和 frame_r 中。

5. Canvas 组件

Canvas 组件称为画布组件，是一个通用的组件，提供了绘画功能，使用它可以绘制很多图形，例如直线、矩形、椭圆、多边形等。

我们从最简单的直线开始，绘制一条蓝色的直线和一条黄色的虚线。

```python
import tkinter as tk
# 创建根窗口
root = tk.Tk()
# 设置窗口标题
root.title("canvas")
# 设置窗口大小
root.geometry('300x200')

canvas = tk.Canvas(root,bg='green',width = 300,height = 200)
canvas.pack()
canvas.create_line(0,0,300,200,fill='yellow')
canvas.create_line(0,200,300,0,fill='blue',dash=(4,4))
# 让根窗口持续展示
root.mainloop()
```

运行程序，结果如下：

import tkinter as tk 导入 tkinter 并且设置别名为：tk。

canvas = tk.Canvas(root,bg='green',width = 300,height = 200) 创建画布对象 canvas，指定画布的背景颜色为 'green'，长度为 300，高度为 200。

canvas.create_line(0,0,300,200,fill='yellow') 通过 create_line（0,0,300,200,fill='yellow'）函数画了一条实心直线，一共有 5 个参数：前两个参数（0，0）表示直线的起点为坐标（0，0）；中间两个参数（300，200）表示直线的终点为坐标（300，200）；fill='yellow' 表示填充

颜色为 'yellow' 黄色。

　　canvas.create_line(0,200,300,0,fill='blue',dash=(4,4)) 通过 create_line（0,200,300,0,fill='blue',dash=(4,4)) 函数画了一条虚线，一共有 6 个参数：前两个参数（0，200）表示直线的起点为坐标（0，200）；中间两个参数（300，0）表示直线的终点为坐标（300，0）；fill='blue' 表示填充颜色为 'blue' 蓝色；dash=(4,4) 指定边框使用虚线。

 小滇、小 p 你们还想画什么吗？

 我想画个红色的矩形和蓝色的三角形。

 我想画个粉色的椭圆形和紫色的圆形。

 好的，我们一起来画吧。

```
import tkinter as tk
# 创建根窗口
root = tk.Tk()
root.title("canvas")
root.geometry('600x600')
canvas = tk.Canvas(root,width = 600,height= 600)
canvas.pack()
# 画矩形
canvas.create_rectangle(50,50,200,200,fill='red')
# 画多边形
canvas.create_polygon(400,50,300,200,550,200,fill='blue')
# 画圆形
canvas.create_oval(50,300,250,500,fill='purple')
# 画椭圆
canvas.create_oval(300,300,590,500,fill='pink')
# 让根窗口持续展示
root.mainloop()
```

运行程序，结果如下：

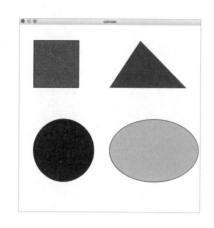

 很厉害，一下子都实现了。

 是的，一起来看看怎么实现的。

canvas.create_rectangle(50,50,200,200,fill='red') 使用 create_rectangle(50,50,200,200,fill ='red') 画了一个矩形，有 5 个参数：前两个参数（50,50）是矩形左上角的坐标；中间两个参数（200,200）是矩形右下角的坐标；fill='red'：填充颜色为 'red'。

canvas.create_polygon(400,50,300,200,550,200,fill='blue') 使用 create_polygon(400,50, 300,200,550,200,fill='blue') 画一个三角形，有 7 个参数：前两个参数（400,50）是矩形左上角点的坐标；中间两个参数（200,200）是矩形右下角点的坐标；fill='red' 填充颜色为红色 'red'。

canvas.create_oval(50,300,250,500,fill='purple') 使用 create_oval(50,300,250,500,fill= 'purple') 画一个圆心为（150,400），半径为 100 的圆，画圆时，需要指定两个点的坐标，分别以左上角点和右下角点的坐标来确定一个矩形，该函数则负责绘制矩形的内切圆。

函数有 5 个参数：前两个参数（50,300）是矩形左上角点的坐标；中间两个参数（250,500）是矩形右下角点的坐标；fill='purple' 填充颜色为紫色 'purple'。

使用 canvas.create_oval(300,300,590,500,fill='pink') 画一个椭圆，画圆时，需要指定两个点的坐标，分别是以左上角点和右下角点的坐标来确定一个矩形，该函数则负责绘制矩形的内切椭圆。

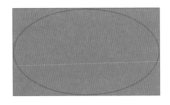

函数有 5 个参数：前两个参数（300,300）是矩形左上角点的坐标；中间两个参数（590,500）是矩形右下角点的坐标；fill='purple' 填充颜色为紫色 'purple'。

6．布局管理器

 在 tkinter 中，有 3 种布局管理器，接下来认识它们。

 什么是布局管理器？

 就是管理组件的位置的工具，组件在主窗口中怎么排列是布局管理器来管理的。

 有哪些布局管理器呢？

 有三种布局管理器，分别是：pack、grid、place。

 它们有什么区别吗？

 总结如下。
pack：按照组件放置的前后顺序从上到下排列。
gird：是格子的意思，它是按照行和列的方式来排列。
place：允许通过程序指定组件的绝对位置或者相对于其他组件的位置。
接下来深入认识它们。

（1）pack

默认情况下，pack 布局管理器放置组件的规则是按照添加的先后顺序从上到下排列。如果想要进行一些修改，可以通过 fill、expand 和 side 等属性来控制它。

在前面的案例中，pack 布局管理器的使用是比较多的，与 grid 布局管理器相比，pack 更适合一些简单的布局。如果想要进行更加复杂的布局，可以结合 Frame 框架组件或者使用 grid 布局管理器。

需要注意的是，在同一个父组件中，不要混合使用 pack 布局管理器和 grid 布局管理器。

pack 布局经常使用的场景有：

● 将组件放到 Frame 框架组件或者其他容器组件中，并使其填充满整个父组件；

● 纵向排列组件；

● 横向挨个排列。

将组件放到 Frame 框架组件或者其他容器组件中，并使其填充满整个父组件。

```python
from tkinter import *
# 创建根窗口
root = Tk()
root.title("pack")
label_1 = Label(root,text = 'one',bg = 'blue')
label_1.pack(fill = BOTH,expand = 1)
label_2 = Label(root,text = 'two',bg = 'green')
label_2.pack(fill = BOTH,expand = 1)

# 让根窗口持续展示
root.mainloop()
```

运行程序，结果如下：

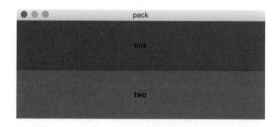

果然，无论窗口变大还是变小，两个 label 组件填充满了整个窗口，这是怎么做到的呢？

这就要归功于 fill 属性和 expand 属性。

fill 指定组件的填充方式，有三个值可以选择。

fill=X：当 GUI 窗体大小发生变化时，组件在 X 方向跟随 GUI 窗体变化。

fill=Y：当 GUI 窗体大小发生变化时，组件在 Y 方向跟随 GUI 窗体变化。

fill=BOTH：当 GUI 窗体大小发生变化时，组件在 X、Y 两方向跟随 GUI 窗体变化。

expand 表示是否将父组件的额外空间也填充满。

expand=1：将父组件的额外空间也填充满。

expand=0：不将父组件的额外空间填充满。

纵向排列组件

因为默认情况下，pack 布局管理器放置组件的规则是按照添加的先后顺序从上到下排列，所以要纵向排列组件，可以直接使用 pack() 函数，不设置任何属性。

```python
from tkinter import *
# 创建根窗口
root = Tk()
root.title("pack")
label_1 = Label(root,text = 'one',bg = 'blue')
label_1.pack()
label_2 = Label(root,text = 'two',bg = 'green')
label_2.pack()
label_2 = Label(root,text = 'three',bg = 'pink')
label_2.pack()

# 让根窗口持续展示
root.mainloop()
```

运行程序，结果如下：

也可以使用 fill = X 使组件在长度上填充整个父组件。

代码
```
from tkinter import *
# 创建根窗口
root = Tk()
root.title("pack")
label_1 = Label(root,text = 'one',bg = 'blue')
label_1.pack(fill = X)
label_2 = Label(root,text = 'two',bg = 'green')
label_2.pack(fill = X)
label_2 = Label(root,text = 'three',bg = 'pink')
label_2.pack(fill = X)

# 让根窗口持续展示
root.mainloop()
```

运行程序，结果如下：

横向挨个排列

要让组件挨个排列，可以通过设置 side 属性来完成。如果想要在高度上，填充满整个父组件，可以使用 fill = Y。

代码
```
from tkinter import *
# 创建根窗口
root = Tk()
root.title("pack")
label_1 = Label(root,text = 'one',bg = 'blue')
label_1.pack(side = LEFT,fill = Y)
label_2 = Label(root,text = 'two',bg = 'green')
label_2.pack(side = LEFT,fill = Y)
label_2 = Label(root,text = 'three',bg = 'pink')
label_2.pack(side = LEFT,fill = Y)

# 让根窗口持续展示
root.mainloop()
```

运行程序，结果如下：

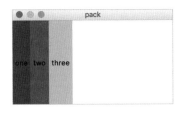

（2）grid 布局管理器

grid 布局管理器布局就好比是把组件放置到一个二维网格中，父组件被划分为多个行和列，组件放置到单元格中，不需要为单元格指定大小，grid 会自动设置合适的大小。

grid 布局管理器是最灵活的，如果你不想学习三个布局管理器，你至少要学习 grid 布局管理器。

在设计对话框时，grid 布局管理器特别方便使用。如果你之前都是使用 pack 布局管理器，那你会很惊喜地发现，原来使用 grid 那么的容易方便。

使用 grid 布局管理器很容易，只需创建好组件，然后告诉管理器要把组件放到哪一行哪一列，管理器就会自动帮你放置好。

好方便。

是的，接下来看看 grid 到底有多么方便。

运行程序，结果如下：

默认情况下，组件在单元格中都是居中展示，如果想要修改可以通过 sticky 选项进行修改，可以选择的值如下。

N：北，表示放置组件在单元格的上方。

S：南，表示放置组件在单元格的下方。

W：西，表示放置组件在单元格的左边。

E：东，表示放置组件在单元格的右边。

NW：西北，表示放置组件在单元格的左上方。

NE：东北，表示放置组件在单元格的右上方。

SW：西南，表示放置组件在单元格的左下方。

SE：东南，表示放置组件在单元格的右下方。

可以通过 sticky = W 使得 Label 左对齐。

```python
from tkinter import *
# 创建根窗口
root = Tk()
root.title(" 登录 ")
Label(root, text=" 电话号码 ").grid(row=0,sticky = W)
Label(root, text=" 验证码 ").grid(row=1,sticky = W)

Entry(root).grid(row=0, column=1,sticky = W)
Entry(root).grid(row=1, column=1,sticky = W)

# 让根窗口持续展示
root.mainloop()
```

运行程序，结果如下：

 果然 Label 都左对齐了，电话号码和验证码的效果很明显。

 如果一个组件要占用多个单元格，这个能做到吗？

 刚好有这个选项可以进行设置，columnspan 选项用来让组件跨越多个列，rowspan 选项用来让组件跨越多个行。

```python
from tkinter import *
# 创建根窗口

root = Tk()
root.title("grid")
Label(root, text=" 成绩 ",bg = 'green').grid(row=0,column = 0,columnspan = 2)
Label(root, text=" 评价 ",bg = 'green').grid(row=0,column = 2)
```

```
Label(root, text=" 语文 ",bg = 'green').grid(row=1,column = 0)
Label(root, text="95",bg = 'green').grid(row=1,column = 1)
Label(root, text=" 优 ",bg = 'green').grid(row=1,column = 2,rowspan = 2)

Label(root, text=" 数学 ",bg = 'green').grid(row=2,column = 0)
Label(root, text="99",bg = 'green').grid(row=2,column = 1)

# 让根窗口持续展示
root.mainloop()
```

运行程序，结果如下：

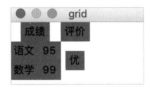

程序中，Label(root, text=" 成绩 ",bg = 'green').grid(row=0,column = 0,columnspan = 2)
通过 columnspan ＝2 使得 label 跨越了 2 个列。

Label(root, text=" 优 ",bg = 'green').grid(row=1,column = 2,rowspan = 2) 通过 rowspan ＝
2 使得 label 跨越了 2 个行。

（3）place 布局管理器

place 布局管理器允许通过程序指定组件的绝对位置或者相对于其他组件的位置。

在普通的窗口和对话框布局时，不推荐使用 place 布局管理器，因为它需要做更多
的工作才能达到同样的效果，可以选择 pack 布局管理器和 grid 布局管理器。

 什么时候适合使用 place 布局管理器呢？

 place 布局管理器可以用于一些特殊的场景。一起来看看吧。

使用 place 布局管理器，你可以把组件放置在指定的位置。

```
from tkinter import *
root = Tk()
root.title("place")
label = Label(root,text = 'place')
```

```
        label.place(x = 20, y=100)
        root.mainloop()
```

运行程序，结果如下：

label.place(x = 20, y=100) 通过 place(x = 20, y=100) 将组件放置到指定的坐标处：x = 20, y=100。使用 place 布局管理器，可以把组件显示在父组件的正中间。

```
from tkinter import *
root = Tk()
root.title("place")
label = Label(root,text = ' 最中央 ',bg = 'purple')
label.place(relx=0.5, rely=0.5, anchor=CENTER)
root.mainloop()
```

运行程序，结果如下：

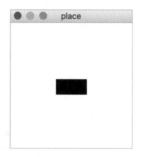

label.place(relx=0.5, rely=0.5, anchor=CENTER) 程序通过 place 布局管理器将 label 组件放置到最中间的位置。

relx：相对于父组件的 x 坐标，值为 0 ~ 1 的浮点数。

rely：相对于父组件的 y 坐标，值为 0 ~ 1 的浮点数。

anchor：对齐方式，默认为 center，左对齐"w"，右对齐"e"，顶对齐"n"，底对齐"s"，还可以是它们的组合"nw"、"sw"、"se"、"ne"。

在 place 布局管理器中，还有两个选项比较常用，那就是 relwidth（相对父组件的长度）；relheight（相对父组件的高度）。

```
from tkinter import *
root = Tk()
root.title("place")
label = Label(root, bg = 'red')
label.place(relx = 0.5,rely = 0.5,relwidth = 0.5,
            relheight = 0.5,anchor = CENTER)
root.mainloop()
```

运行程序，结果如下：

程序中，通过

label.place(relx = 0.5,rely = 0.5,relwidth = 0.5,

　　　　relheight = 0.5,anchor = CENTER)

将 Label 组件的位置设置为 relx = 0.5,rely = 0.5,anchor = CENTER，即父组件最中间的位置。将 Label 组件的大小设置为 relwidth = 0.5，即父组件的长度的 0.5。relheight = 0.5，即父组件的高度的 0.5。

而且你会发现，无论你怎么拉伸窗口，Label 组件相对于父组件的大小都是同步变化的。

　tkinter 的内容太丰富。

　是的，tkinter 的组件还有很多，需要大家慢慢学习了。今天我们学习了这么多，使用 tkinter 完成一个计算器。

并且实现加减乘除的功能。

21.3 计算器 GUI 项目的实现

用 tkinter 布局一个计算器，首先要完成界面布局。

 我喜欢使用 gird 布局，可以使用 grid 布局管理器完成吗？

当然可以了。接下来使用 grid 布局管理器完成它。

为了方便管理，我们创建一个 calculator 类来封装计算机相关的功能。

```python
from tkinter import *

class Calculator:
    def __init__(self):
        # 创建根窗口，并且保存到类的成员属性中
        self.root = Tk()
        self.root.geometry('310x400')
        self.root.title(" 小溪流的计算器 ")
        # 计算器主界面布局
```

```
        self.show()
        self.root.mainloop()

    def show(self):
        # 计算面板布局
        frameTop = Frame(self.root,width=300,height = 5)
        frameTop.pack(padx=10, pady=1)
        labelTop = Label(frameTop,width=300, height=3,
                    font=(" 黑体 ", 16, "bold"),
                    anchor='e')
        labelTop.pack()


        # 按钮区布局
        frameButton = Frame(self.root,width=300,height = 180)
        frameButton.pack(padx=5, pady=1)
        # 第 1 行
        b_1 = Button(frameButton, text="MC", width=6, height=3).grid(row=0, column=0)
        b_2 = Button(frameButton, text="MR", width=6, height=3).grid(row=0, column=1)
        b_3 = Button(frameButton, text="MS", width=6, height=3).grid(row=0, column=2)
        b_4 = Button(frameButton, text="M+", width=6, height=3).grid(row=0, column=3)
        b_5 = Button(frameButton, text="M–", width=6, height=3).grid(row=0, column=4)
        # 第 2 行
        b_6 = Button(frameButton, text=" ← ", width=6, height=3).grid(row=1, column=0)
        b_7 = Button(frameButton, text="CE", width=6, height=3).grid(row=1, column=1)
        b_8 = Button(frameButton, text="C", width=6, height=3).grid(row=1, column=2)
        b_9 = Button(frameButton, text=" ± ", width=6, height=3).grid(row=1, column=3)
        b_10 = Button(frameButton, text=" √ ", width=6, height=3).grid(row=1, column=4)
        # 第 3 行
        b_11 = Button(frameButton, text="7", width=6, height=3).grid(row=2, column=0)
        b_12 = Button(frameButton, text="8", width=6, height=3).grid(row=2, column=1)
        b_13 = Button(frameButton, text="9", width=6, height=3).grid(row=2, column=2)
        b_14 = Button(frameButton, text="/", width=6, height=3).grid(row=2, column=3)
        b_15 = Button(frameButton, text="%", width=6, height=3).grid(row=2, column=4)
        # 第 4 行
        b_16 = Button(frameButton, text="4", width=6, height=3).grid(row=3, column=0)
        b_17 = Button(frameButton, text="5", width=6, height=3).grid(row=3, column=1)
        b_18 = Button(frameButton, text="6", width=6, height=3).grid(row=3, column=2)
        b_19 = Button(frameButton, text="*", width=6, height=3).grid(row=3, column=3)
        b_20 = Button(frameButton, text="1/x", width=6, height=3).grid(row=3, column=4)
        # 第 5 行
        b_21 = Button(frameButton, text="1", width=6, height=3).grid(row=4, column=0)
        b_22 = Button(frameButton, text="2", width=6, height=3).grid(row=4, column=1)
        b_23 = Button(frameButton, text="3", width=6, height=3).grid(row=4, column=2)
```

```
b_24 = Button(frameButton, text="－", width=6, height=3).grid(row=4, column=3)
b_25 = Button(frameButton, text="=", width=6, height=6).grid(row=4, column=4,rowspan=2)
# 第 6 行
b_26 = Button(frameButton, text="0", width=13, height=3).grid(row=5, column=0,columnspan = 2)
b_27 = Button(frameButton, text=".", width=6, height=3).grid(row=5, column=2)
b_28 = Button(frameButton, text="+", width=6, height=3).grid(row=5, column=3)

# 实例化对象
mycalculator = Calculator()
```

运行代码，结果如下：

将计算器的界面分为上下两块，所以创建了两个 Frame 对象。

接下来完成加减乘除的功能。

要完成加减乘除的功能，需要做的事情如下：

计算面板默认显示 0，当按下数字时需要在计算面板中展示出来，当按完运算数字和运算符号，单击 = 按钮时，在计算面板中展示结果。

 计算面板默认显示 0，这个我会。

首先定一个变量记录计算面板要显示的值：

calcNum = StringVar()

calcNum.set(0)

当按下数字时在计算面板中展示出来，要怎么实现呢？

定义一个 pressNum() 函数来完成它。

当你按下数字时，如果计算面板中的数字是 0，那么就直接将按下的数字展示在计算面板中；如果计算面板中的数字不是 0，那么就直接将按下的数字连接在后面。

例如，如果计算面板中的数字是 1，按下的是 2，计算面板将展示 12。

但是如果计算面板中的数字是 1，然后我按下 + 号，再按下 2，这时计算面板也展示 12 吗？

小误提醒的对，这种情况，还需要考虑进去，如果计算面板中的数字是 1，然后我按下 + 号，再按下 2，这时计算面板应该展示的是 2。

所以创建一个变量 isPresssOn 来记录运算符号是否被按下，当被按下时，isPresssOn = True，反之 isPresssOn = False。

当按下数字时，首先判断运算符号是否被按下，如果 isPresssOn = True，则将计算面板中的数字重新设置为 0，并且将 isPresssOn 重新设置为 False。

当按下数字时，在计算面板中展示的思路就分析完了，接下来完成代码。

```python
def pressNum(self,num):
    # 如果按下了运算符号，则将展示屏的数字设置为 0
    if self.isPresssOn == True:
        self.calcNum.set(0)
        # 重置运算符号的状态
        self.isPresssOn = False
    if num == '.':
        num = '0.'
    oldNum = self.calcNum.get()
    if oldNum == '0':
        self.calcNum.set(num)
    else:
        newNum = oldNum + num
        self.calcNum.set(newNum)
```

接下来分析当按完运算数字和运算符号，单击 = 按钮时，在计算面板中展示结果。

单击 = 按钮时，需要将之前按下的运算数字和运算符号组合成算术表达式，然后将结果计算出来，在计算面板中展示出来。

所以需要将之前按下的运算数字和运算符号记录下来，创建一个列表：

self.lists = []

 什么时候将运算数字和运算符号记录下来呢？

 因为需要将按下的运算数字和运算符号组合成算术表达式，所以列表记录的顺序要和我们按下的顺序保持一致，例如：1＋3，最先按下的是 1，然后按下的是＋，然后按下的是 3。

记录的最好时间点是按下运算符号时，创建 pressSign() 函数来完成按下运算符号要做的事情。当按下运算符号时，首先将变量 isPresssOn 设置为 True，然后将计算面板中的数字和按下的运算符号记录到列表中。

分析完成，接下来完成代码。

```python
def pressSign(self,sign):
    # 设置运算符号的按下状态为 True
    self.isPresssOn = True
    # 将数字和按下的运算符号记录下来
    num = self.calcNum.get()
    self.lists.append(num)
    self.lists.append(sign)
```

运算数字和运算符号都记录到列表中，计算结果就很简单，接下来分析：当按下 ＝ 号计算结果的逻辑。

当按下 ＝ 号，将当前计算面板的数字也记录到列表中，然后将列表中的运算数字和运算符号转换为算术表达式。例如，列表为：['1', '+', '5'] 转换为算术表达式为：1 + 5，然后对 1 + 5 进行计算就能得出结果为 6。

完成这一系列动作后，为了方便下一次计算，要将 isPresssOn 设置为 True，当下次按下数字时，就能重新开始新的计算。同时清空列表。

分析完成，接下来完成代码。

```python
def calcRes(self):
    # 获取计算面板上的数字
    calcNum = self.calcNum.get()
    # 将计算面板上的数字存入列表
    self.lists.append(calcNum)
```

```
# 将列表转化为算术表达式
calcStr = ''.join(self.lists)
# 使用 eval 执行算术表达式
res = eval(calcStr)
# 将运算结果显示在计算面板中
self.calcNum.set(res)
if self.lists != 0:
    self.isPresssOn= True
# 清空列表
self.lists.clear()
```

简易版本的计算器就完成了。

代码

```
from tkinter import *

class Calculator:
    def __init__(self):
        # 创建根窗口，并且保存到类的成员属性中
        self.root = Tk()
        self.root.geometry('310x400')
        self.root.title(" 小溪流的计算器 ")
        # 创建 calcNum 变量记录计算面板要显示的值
        self.calcNum = StringVar()
        self.calcNum.set(0)
        # 记录运算符号的按下状态，如果 True 则是按下，反之没有被按下
        self.isPresssOn = False
        # 列表记录运算数字和运算符号
        self.lists = []
        # 计算器主界面布局
        self.show()
        self.root.mainloop()

    def show(self):
        # 计算面板布局
        frameTop = Frame(self.root,width=300,height = 5)
        frameTop.pack(padx=10, pady=1)
        labelTop = Label(frameTop, textvariable = self.calcNum,
                    width=300, height=3,
                    font=(" 黑体 ", 16, "bold"),
                    anchor='e')
        labelTop.pack()
```

```
# 按钮区布局
frameButton = Frame(self.root,width=300,height = 180)
frameButton.pack(padx=5, pady=1)
# 第 1 行
b_1 = Button(frameButton, text="MC", width=6, height=3).grid(row=0, column=0)
b_2 = Button(frameButton, text="MR", width=6, height=3).grid(row=0, column=1)
b_3 = Button(frameButton, text="MS", width=6, height=3).grid(row=0, column=2)
b_4 = Button(frameButton, text="M+", width=6, height=3).grid(row=0, column=3)
b_5 = Button(frameButton, text="M−", width=6, height=3).grid(row=0, column=4)
# 第 2 行
b_6 = Button(frameButton, text=" ← ", width=6, height=3).grid(row=1, column=0)
b_7 = Button(frameButton, text="CE", width=6, height=3).grid(row=1, column=1)
b_8 = Button(frameButton, text="C", width=6, height=3).grid(row=1, column=2)
b_9 = Button(frameButton, text=" ± ", width=6, height=3).grid(row=1, column=3)
b_10 = Button(frameButton, text=" √ ", width=6, height=3).grid(row=1, column=4)

# 第 3 行
b_11 = Button(frameButton, text="7", width=6, height=3,command = lambda: self.pressNum('7')).
grid(row=2, column=0)
b_12 = Button(frameButton, text="8", width=6, height=3,command = lambda: self.pressNum('8')).
grid(row=2, column=1)
b_13 = Button(frameButton, text="9", width=6, height=3,command = lambda: self.pressNum('9')).
grid(row=2, column=2)
b_14 = Button(frameButton, text="/", width=6, height=3,command= lambda: self.pressSign('/')).
grid(row=2, column=3)
b_15 = Button(frameButton, text="%", width=6, height=3).grid(row=2, column=4)
# 第 4 行
b_16 = Button(frameButton, text="4", width=6, height=3,command = lambda: self.pressNum('4')).
grid(row=3, column=0)
b_17 = Button(frameButton, text="5", width=6, height=3,command = lambda: self.pressNum('5')).
grid(row=3, column=1)
b_18 = Button(frameButton, text="6", width=6, height=3,command = lambda: self.pressNum('6')).
grid(row=3, column=2)
b_19 = Button(frameButton, text="*", width=6, height=3,command= lambda: self.pressSign('*')).
grid(row=3, column=3)
b_20 = Button(frameButton, text="1/x", width=6, height=3).grid(row=3, column=4)
# 第 5 行
b_21 = Button(frameButton, text="1", width=6, height=3,command = lambda: self.pressNum('1')).
grid(row=4, column=0)
b_22 = Button(frameButton, text="2", width=6, height=3,command = lambda: self.pressNum('2')).
grid(row=4, column=1)
b_23 = Button(frameButton, text="3", width=6, height=3,command = lambda: self.pressNum('3')).
grid(row=4, column=2)
```

```
        b_24 = Button(frameButton, text="−", width=6, height=3,command= lambda: self.pressSign('−')).
grid(row=4, column=3)
        b_25 = Button(frameButton, text="=", width=6, height=6,command= lambda: self.calcRes()).
grid(row=4, column=4,rowspan=2)
        # 第 6 行
        b_26 = Button(frameButton, text="0", width=13, height=3,command = lambda: self.pressNum('0')).
grid(row=5, column=0,columnspan = 2)
        b_27 = Button(frameButton, text=".", width=6, height=3,command= lambda: self.pressNum('.')).
grid(row=5, column=2)
        b_28 = Button(frameButton, text="+", width=6, height=3,command = lambda: self.pressSign('+')).
grid(row=5, column=3)


    # 按下数字
    def pressNum(self,num):
        # 如果按下了运算符号，则将展示屏的数字设置为 0
        if self.isPresssOn == True:
            self.calcNum.set(0)
            # 重置运算符号的状态
            self.isPresssOn = False
        if num == '.':
            num = '0.'
        oldNum = self.calcNum.get()
        if oldNum == '0':
            self.calcNum.set(num)
        else:
            newNum = oldNum + num
            self.calcNum.set(newNum)


    # 按下运算符号
    def pressSign(self,sign):
        # 设置运算符号的按下状态为 True
        self.isPresssOn = True
        # 将数字和按下的运算符号记录下来
        num = self.calcNum.get()
        self.lists.append(num)
        self.lists.append(sign)


    # 计算结果

    def calcRes(self):
        # 获取计算面板上的数字
        calcNum = self.calcNum.get()
        # 将计算面板上的数字存入列表
```

```
            self.lists.append(calcNum)
            # 将列表转化为算术表达式
            calcStr = ''.join(self.lists)
            # 使用 eval 执行算术表达式
            res = eval(calcStr)
            # 将运算结果显示在计算面板中
            self.calcNum.set(res)
            if self.lists != 0:
                self.isPresssOn= True
            # 清空列表
            self.lists.clear()

        # 创建 Calculator 类的实例对象 calculator
        calculator = Calculator()
```

运行程序，结果如下：

计算 5*6

计算结果如下：

 Button 的 command 选项设置的内容我看不懂，例如：
command = lambda: self.pressSign('+') 是什么意思？

 这个叫作 lambda 函数。

lambda 函数的语法只包含一个语句，表现形式如下：

lambda [arg1 [,arg2,……argn]]:expression

其中，lambda 是 Python 预留的关键字。

[arg……] 是参数列表，形式有很多。

expression 是一个参数表达式，表达式中出现的参数需要在 [arg……] 中有定义，并且表达式只能是单行的，只能有一个表达式。

例如：

add = lambda x, y: x+y

执行 add(5, 2) 就能得到结果 7。

 前面的项目中，单击按钮组件时要执行 change() 函数的设置方法是：command=change，这里可以直接用 command=pressSign 吗？
为什么要用 lambda 函数呢？

 你仔细观察，change() 函数和 pressSign() 函数有什么区别？

```
def change():
    label_pic.config(image = photo_2)


def pressSign(self,sign):
    # 设置运算符号的按下状态为 True
    self.isPresssOn = True
    # 将数字和按下的运算符号记录下来
    num = self.calcNum.get()
    self.lists.append(num)
    self.lists.append(sign)
```

change() 函数没有参数，pressSign() 函数有参数。

是的，之所以要使用 lambda() 函数，是因为在执行 pressSign() 函数时要传递参数。

21.4　GUI 小挑战

小溪和小 p 今天学习了有趣的 GUI，制作了计算器，小朋友们，你们都学会了吗？一起来参与 Python 星球的 GUI 小挑战吧！

我的小勇士，我相信你是最棒的！

请完成下面的考验。

1. 使用 Canvas 组件画一个蓝色的正方形。

2. 使用 tkinter 组件并且结合上一章的内容：实现一个成绩管理系统，通过它老师们能将语文、数学、英语成绩添加到 scores.xlsx 中。

完成考验，请核对：

1.

代码

```
from tkinter import *
# 创建根窗口
root = Tk()
# 设置窗口标题
root.title("canvas")
# 设置窗口大小
root.geometry('200x200')

canvas = Canvas(root)
canvas.pack()
# 画矩形
canvas.create_rectangle(50,50,100,100,fill='blue')

# 让根窗口持续展示
root.mainloop()
```

运行程序，结果如下：

2.

代码

```
from tkinter import *
from openpyxl import Workbook
from openpyxl import load_workbook
import os

root = Tk()
# 判断文件是否存在
if os.path.exists('scores.xlsx'):
    # 文件存在则直接读取
    wb = load_workbook('scores.xlsx')
```

```
    else:
        # 文件不存在则创建 Workbook 类的实例对象 wb
        wb = Workbook()
ws = wb.active
ws['A1'] = ' 姓名 '
ws['B1'] = ' 语文 '
ws['C1'] = ' 数学 '
ws['D1'] = ' 英语 '
wb.save('scores.xlsx')

frame = Frame(root)
frame.pack(padx = 10,pady = 10)

Label(frame,text = " 姓名 ").grid(row = 0)
Label(frame,text = " 语文 ").grid(row = 1)
Label(frame,text = " 数学 ").grid(row = 2)
Label(frame,text = " 英语 ").grid(row = 3)
e1 = Entry(frame)
e2 = Entry(frame)
e3 = Entry(frame)
e4 = Entry(frame)
e1.grid(row = 0,column = 1)
e2.grid(row = 1,column = 1)
e3.grid(row = 2,column = 1)
e4.grid(row = 3,column = 1)

def insert():
    name = e1.get()
    CScore = e2.get()
    mScore = e3.get()
    eScore = e4.get()
    row = ws.max_row+1
    ws.cell(row, 1, value= name)
    ws.cell(row, 2, value= CScore)
    ws.cell(row, 3, value= mScore)
    ws.cell(row, 4, value= eScore)
    wb.save('scores.xlsx')

Button(frame,text = " 提交 ",command = insert).grid(row = 4,column = 1)

root.mainloop()
```

运行程序，结果如下：

同时在同目录下生成 scores.xlsx：

scores.xlsx　　scores.py

打开 scores.xlsx：

输入小溪流的成绩并提交：

再次打开 scores.xlsx：

小溪流的成绩成功写入 scores.xlsx。

代码中我们使用了 os 操作系统接口模块，该模块提供了一些方便使用操作系统相关功能的函数。

```
if os.path.exists('scores.xlsx'):
    wb = load_workbook('scores.xlsx')
else:
    wb = Workbook()
```

通过 os.path.exists('scores.xlsx') 判断 scores.xlsx 是否存在，如果文件存在，则直接读取；不存在则创建 Workbook 类的实例对象 wb。

```
Button(frame,text = " 提交 ",command = insert).grid(row = 4,column = 1)
```

创建 Button 组件，单击按钮时，执行 insert() 函数，将数据添加到 scores.xlsx 中。